U0142648

GÖDEL'S PROOF

哥德爾證明

Ernest Nagel and James Newman 著
Douglas R. Hofstadter 新版修訂並序
楊維哲（台灣大學數學系名譽教授） 導讀
蔡元正 譯

五南圖書出版公司 印行

1931 年，庫爾特·哥德爾發表了一篇革命性的論文，挑戰了構成大量傳統數學和邏輯研究基礎的某些基本假設，如今他對於未知領域的探究已經被認定爲是對於當代科學思想的重大貢獻。

將哥德爾的證明其主旨大意，其深廣蘊涵與深遠影響展示給學者以及非專業人士兩者，此書是爲可讀性高的第一本。它爲任何一位具有邏輯和哲學品味的教養人士提供機會以獲取眞正的理解，領悟之前所難以企及的主題。

在這新的版本裡面，普利茲獎獲獎作者道格拉斯 R. 霍夫史達特已經重新審閱並更新此一經典作品原文，釐清含混，使得說理更加清澈而且讓正文更爲易於進入與理解。他同時增加了一篇新的序言，揭露他自身獨特的。與此一開創性重大影響作品之間私下的關聯以及它所加諸於他本人自身專業職業生涯的衝擊，並且詮釋了哥德爾證明的核心精華，同時指出了哥德爾證明如何以及爲何直到今天仍然切題而關係重大。

致敬

勃特里安·羅素

新版前言——道格拉斯 R. 霍夫史達特

在日內瓦居住一年之後，1959 年 8 月我們全家回到加州史丹佛。當時我 14 歲，法語開始流利不久，正熱愛語言，著迷於書寫系統、符號，以及意義的神秘，充滿了對於數學和心智如何運作的好奇心。

一天傍晚，我父親和我一起去到一家書店，就在那家書店裡面，我無意間看到一本小巧的書，它謎樣的書名*哥德爾證明*。瀏覽之下，我看到許多稀奇迷人的圖形和公式，特別被一個註腳所打動。這註腳是有關引號、符號，以及表徵其他符號的符號的補充說明。直覺上意識到*哥德爾證明*和我兩者相互命定地關聯在一起了，我知道我必須買下它。

當我們走出書店，我父親談到，他曾經在紐約市立大學修習該書作者之一，歐尼斯特・納格爾（Ernest Nagel）所開的一門哲學課程，在那之後，他們已經成為好朋友。這巧合更為增添這本書的神秘性。一回到家，我就貪婪地狼吞虎嚥著全書每一個字。從頭到尾，*哥德爾證明*和我的熱情起了共鳴；突然之間，我發現自己痴迷於眞與假、悖論與證明、映射與鏡映，符號的操作以及符號邏輯，數學和後設數學，人類思想裡面創造性跳躍的奧秘，以及心智機械化的問題之中。

之後不久，我父親告知我說，他在校園裡面巧遇納格爾教授，教授平常在哥倫比亞大學任教職，碰巧一年的時間正在史丹佛大學講學，幾天之內，我們兩家相聚一起，同時我就被全部四位納格爾氏所迷住，—— 歐尼斯特和伊蒂絲（Edith），以及他們的兩個年紀和我相近的兒子山迪（Sandy）和巴比（Bobby）。能夠認識我如此喜愛的一本書的作者，讓我如此驚喜，同時我發現，歐尼斯特和伊蒂絲非常地喜歡我對於科學、哲學、音樂以及藝術的一股青春的熱情。

很快地，納格爾家的公休假漸漸地要結束了，就在他們離去之前，他們親切地邀請我，那個夏天在他們位於佛蒙特州（Vermont）的小屋度過一個星期的時間。在那田園詩般的停留時光，伊蒂絲適時向我展現他們的慷慨大方與謙遜有禮的風範。因此後來所有的這些年，他們始終持續存留在我的記憶裡面。對我而言，那最美的時刻是有兩個陽光和煦的下午時光，當山迪和我坐在一片青草嫩綠的戶外草地上，我爲他大聲朗讀整本的*哥德爾證明*的那時刻，對著作者之一的公子朗讀這本書是何等奇特曲折的樂事啊！

接下來短短的幾年，山迪和我藉著通訊往來，一起探索數的樣式花樣（數型），這某種程度上對我的餘生具有一種深切而重大的影響，且或許之於他亦復如此。他 —— 知名的愛歷克斯（Alex）—— 繼續下去，成爲威斯康辛大學的一名數學教授。而巴比一樣仍然和我維持朋友關係，如今他 —— 知名的希尼（Sidney）—— 是芝加哥大學的一位物理教授。我們不時互相見面，無不感到非常愉快。

我但願能說，我曾經和詹姆士·紐曼（James Newman）相見過。他曾以他所作的非常壯觀的四冊一套的

*數學的世界*相贈送，作為高中畢業禮物，而且我一直仰慕他的寫作風格以及他對於數學的熱愛，但是說起來令人難過，我們素未謀面。

在史丹佛大學我主修數學，而且對於納格爾和紐曼的書裡面的思想概念的喜愛，激勵了我去修習邏輯和數學裡面的兩門課，但是它們的枯燥乏味造成我極度的失望沮喪。之後不久，我進入數學研究所，同時，同樣的理想幻滅再度發生，我脫離數學轉向物理，但是短短幾年之後，我發現自己再度陷入抽象與困惑的境地，無法脫困。

1972 年有一天，為了緩解心情，我在一家大學書店裡面漫不經心地隨意翻閱，偶然看見霍華德．迪隆（Howard Delong）所寫的*數理邏輯概述*——此書對我產生的震撼效果幾乎等同於 1959 年的*哥德爾證明*一書對我的影響。我對於邏輯、後設數學，以及曾經被我關聯到哥德爾定理及其證明上去的，那些了不起的美妙糾結問題之摯愛的，一股內在長期休眠的餘燼，終於被這一部透澈明晰的專著所點燃，由於我老早將我原先那本納格爾和紐曼合著的神奇小冊子遺失掉了，我另外買了一本——很幸運它仍然繼續印行——再度陶醉地將它重讀。

那一年夏天，從研究所脫身稍事休息，驅車橫越美洲大陸，我一路在外露宿，同時虔誠地閱讀有關哥德爾的著作，推理的本質以及思想和意識的機械化的夢想等，未經事先規劃，我懷著興奮的心情進入紐約市，而我首先接觸的人就是我的老朋友，歐尼斯特和伊蒂絲．納格爾夫婦。他們充當我知性與感性上面的良師益友，接下來的幾個月的時間，我在他們的公寓裡面度過無數的夜晚，我們熱烈地討論許多問題，當然包括了哥德爾的證明以及其所衍生出來的結果與影響。

1972 標示著我個人開始強烈涉入哥德爾定理以及圍繞它的豐富多彩的構想領域的一年。接下來短短幾年之間，對於此一錯綜複雜糾結交叉一起的觀念，我發展出一套具有特色的探索方式，以名之爲*哥德爾、埃舍爾、巴赫：集異璧之大成*（*Gödel, Escher, Bach: An Eternal Golden Braid*）一書作爲總結。毫無疑問的，我這部雜亂延伸的厚書，一方面源自於納格爾和紐曼的書，另一方面源自於霍華德·迪隆的著作。

哥德爾的著作，他所從事的有關的內容是什麼？出生於 1906 年，一位奧地利的邏輯學家，沉湎在他那時代持續不斷往形式化驅迫過去的典型的氣氛之中，人們被說服相信數學的思想可以經由純粹符號操作的規則來加以掌控，經由固定的一組公設，以及固定的一組印刷排字上的規則（印刷符號操作規則），人們就可能將符號移轉來去而產生稱之爲“定理”的新的符號串，此一運動的頂峰極致就是勃特里安·羅素（Bertran Russell）和亞爾弗列得，諾斯，懷海德（Alfred North Whitehead）從 1910 到 1913 年所出版，稱之爲*數學原論*（*Principia Mathematica*）（譯者註：本書中使用 PM 簡稱）的三巨冊不朽巨著。羅素和懷海德相信他們業已將所有的數學建基在純粹邏輯上面，而且他們的成果將永久地爲所有的數學形塑堅固的基礎。

二十年之後，哥德爾開始對這崇高偉大的美景產生懷疑，在他研讀這些厚書裡面那極度嚴峻的符號的花樣樣式 pattern 時，他猛然發現那些式樣模式和數的式樣模式是如此相像，以至於事實上他能夠用一數來代換一個符號，從而將全部的*數學原論*理解爲數值密集運算（數值運算 number crunching —借用一現代語詞）而不將它理解爲轉軌到符號操作上去，此一看待事物的新方法產生了一驚人的兩邊延伸包繞圍裹，統括全景的效果。既然*數學原論*的論題內容是數，而且既然哥德爾同時已經把此書的媒介工具由符號轉成爲數，這顯示了*數學原論*就是它自己本身的論題內容，換句話說，羅素和懷海德系統的符號圖式公式或可被視之爲彼此之間相互言說，或者甚至可能被視爲對於有關它們自身的言說。

此一兩邊延伸包繞圍裹統括全景的效果。是一眞實出人意料的重大翻轉，因爲它不可避免地將古老的自我指涉的悖論引入哥德爾心中——特別是“這語句是錯的”。運用此類悖論作爲他的指南，哥德爾理解到，他能夠寫下*數學原論*的一個公式，這公式執拗地言說它自身，依據*數學原論*的規則，此公式爲不可證明。如此一歪扭的公式的存在正就是對於羅素和懷海德的宏偉大廈造成非常巨大的威脅，因爲他們曾把徹底消除“惡性循環”立爲他們神聖的目標，而且自信他們已經贏得了這場戰爭，但是如今看起來，惡性循環似乎已經從後門進入了他們原始清新的世界，同時潘朵拉的盒子已經大開了。

哥德爾式公式這自我挖牆腳的狀況必須加以處理，於此，哥德爾以無比精明地做到了，他指出，儘管它與悖論相似，但微妙地和它不相同，特別是，它被揭示出是一個運用該系統的規則無法證明旳眞實語句——的確，一個眞實語句，其不可證明性恰恰好是由其本身的眞確性導致。

以這種極度大膽的方式，哥德爾猛擊*數學原論*這一座堡壘，導致其顚踱傾頽，化爲廢墟。他同時證明了他的方法適用於任何試圖實現*數學原論*的目標的系統。於是，那些相信數學思想可以經由公設系統的死板方式加以掌握的人們，他們的希望也就被哥德爾摧毀了，同時，他從而迫使數學家、邏輯學家和哲學家探討新近發現的眞確性和不可證明性之間神秘的不可改變的裂悖。

自從哥德爾開始，人們才明瞭數學思想的技藝是多麼的微妙與深奧，曾經光輝一時的，對於人類思想機械化的希望，即使不是完全變成唐吉訶德式的，似乎開始產生動搖。接下來，哥德爾之後，數學思想被認爲是什麼？在哥德爾之後，數學眞理又是什麼？甚至於，眞理究竟又是什麼？在哥德爾劃時代的論文發表的七十年後，這些都是仍然未獲得解決的核心問題。

儘管我這本書大大地歸因於納格爾和紐曼，但並不完全同意他們所有的哲學性結論，在這裡我同時要指出一個關鍵性的差異。在他們的“結論審思”裡面，納格爾和紐曼論辯說，從哥德爾的發現，其必然的結論是；電腦——他們稱之爲“計算機”——是原則上不可能像人類理性思考力那樣靈活地推論，據信這可能源自於電腦依照“一組固定的指令”（即一程式）的結果所致。對於納格爾和紐曼而言，如此的想法正相當於一固定公設組以及推論規則——而電腦的性能當它執行它的程式時，就相當於一機器在一形式系統裡面大量生產出諸定理的證明。也就是說，一建造來唯一專門處理數值以及算術事實眞理的機器，如此的機器就它們的特性，竟然將大量製造出一組一組關於數學的眞實語句，這種想法是非常誘人的，且無疑地，這其中自也有它一丁點的道理存在，但是對於電腦的能力以及它的多才多藝卻是大大缺乏完全的遠見卓識。

儘管電腦 computer 正如其名所隱含的意義，是由死板的有關算術的硬體建造而成，但它的設計和數學眞實並沒有什麼不可分離的關連，使一電腦列印出大量錯誤的演算（如 2+2=5；%=43 等等）並不比列印出一形式系統中的定理來得難。一件更加精緻的挑戰任務是設計出“一組固定的指令”。藉此，如同所有數學家之所爲；經由視覺表象、連結概念的聯想圖式、猜想、類比、審美抉擇等直覺過程的指引之下或有可能探索數學思想的世界（而不僅只是數學符號串。）。

在納格爾和紐曼構想和寫作*哥德爾的證明*的當時，要把電腦做到像人一樣思想的此一目標——換言之，人工智慧——這想法還很新鮮，而且其潛力還不清楚，早期的那些日子裡，首要著重點在於把電腦作爲公設系統的機械實例化來運用，而且就本身而論，它們僅僅只有大量生產定理證明，如今，不可否認地，假如如此的方式代表了電腦可能向來原則上被用來模仿人腦認知的全部範圍，那麼，的確，納格爾和紐曼立基於哥德爾的發現，完全有正當理由來論證說：電腦無論其演算是如何地迅速，或其記憶容量是如何的巨大，它們必定不如人類心智來得靈活，具有深刻洞察力的。

但是，在嘗試使電腦思想的方法裡面，定理證明只是最少智巧的一種。看看道格拉斯·里奈特（Douglas Lenat）寫於 1970 年代中期的程式“AM”，AM 處理的是概念，而不是數學的陳述語句；其目標在於運用初期發展未完全的審美性與單純性的電腦模型，找尋“有趣的”概念。從頭開始，AM 發現很多數論的概念。AM 並不是邏輯地證明定理，而是隨著它原始的審美的鼻子，四處漫遊於數的世界，嗅出圖象，同時猜測它們，就如同聰明的人類一樣，大多數 AM 的猜測是對的，有些是錯的，還有爲數不多的猜測，其對錯尚未被判定。

就電腦模仿心智過程的另一個方法而言，且取神經網絡爲例 —— 就我們所能想到的最不像那定理證明樣式的，既然腦細胞是以特定圖案結構接線連結一起，同時，人們能夠用軟體來模仿任何此類圖案 —— 也就是以一“固定指令組” —— 一演算引擎的能力可以被駕馭來模仿腦的顯微電路系統以及其運轉狀態。認知科學家對此類模型已經研究多年，他們曾發現許多人類學習的模式，包括一當然的副產品 —— 錯誤的產生，一樣被如實地複製。

這兩個例子的要點（我同時能夠提出更多的例子）在於人類思想的整個靈活性以及“會犯錯”此類的榮耀桂冠，原則上可以由一“固定指令組”加以模仿，其先決條件是人們從下述的先入爲主的偏見中解放出來；爲算術運算而造的電腦能做到的，唯有奴隸般地生產眞實語句，全部的眞實語句，僅僅只有算術語句，此外無它。無可否認地，如此偏頗的想法正處於形式公設推論系統的核心位置。然而，現今再也無人認眞地將如此的系統視之爲人類心智運作的模型，即使在人的心智正處於最具邏輯性運作之時也是如此。如今，我們明瞭人類心智根本上不是一種邏輯引擎，而是一種類比引擎，一種學習的引擎，一種猜測的引擎，一種審美驅動的引擎，一種自我校正的引擎。同時，徹底地瞭解了這麼一課之後，我們就能夠圓滿地製造某些具有這些特性的固定指令組。

確定的是，對於製造出那種有任何一點稍微相像於人類心智靈活性的電腦程式，目前還有一段差距存在，因而，在這種意味下，歐尼斯特·納格爾和詹姆斯·紐曼確切適時地，以"如詩的語句宣稱"這不是洩氣的時機，而是爲重啓對於創造性理性能力的鑑賞的一個契機。再也沒有比這個說得更好了。

然而，就如同納格爾和紐曼的讀者所可能見到的，納格爾和紐曼對於哥德爾研究成果的解釋存在者一種反諷，哥德爾天才偉大的一擊就是領悟到數是用以將任何種類的圖表花樣 Pattern 崁入（植入）電腦程式的普遍共同媒介，同時基於這道理，表面上僅只關於數的陳述，事實上能夠將其他領域言說的陳述語句加以編碼，換言之，哥德爾越過數論的表面層次，領悟到數能夠表徵任何種類的結構。有關電腦方面，類似於這種哥德爾式突破跳越的應屬看出：由於電腦本質上在於操作數值，同時由於數是一種用以將任何種類的圖表花樣崁入電腦程式的媒介，因此電腦能夠處理任意選定的圖表花樣 Pattern，無論它們是邏輯的或非邏輯的，一致的或不一致的，簡而言之，當我們退開到和極大量相互關連在一起的數型（數的樣式）夠遠時，我們就能清楚辨別出，出自於其他領域的圖樣花樣。這就如同眼睛注視著由諸映像點或圖素構成的螢光幕上的畫面，看出一熟悉的臉孔，而連一個 1 或 0 也沒看到一樣。這種哥德爾式的對於電腦的看法，在近代世界業已被探究到如此的一個程度，以至於除了專家，否則那電腦的數字基體幾乎是看不到的。一般人慣常地將電腦用於文字處理，玩遊戲、通信、卡通繪製、設計繪製、製圖繪畫等等，向來完全不曾想到有關實際上存在於硬體裡面所進行的基礎算術運算。認知科學家依賴他們的電腦算術硬體之不犯錯而且缺乏創造性，給定他們的電腦“固定指令組”來型塑模仿人類的犯錯以及創造性，我們沒有理由認爲創造性的數學思想過程至少原則上不能夠利用電腦來加以型塑模仿，然而，當回溯到 1950 年代，此種對於電腦潛在力量的遠見是難以看出來的。而諷刺的是，一本致力於讚揚哥德爾對於數吞沒整個圖樣花樣世界的這種深奧洞見的書，其首要的哲學結論竟然立基於無視該洞見，同時因而不足以看出電腦機器能夠複製任何想像得到的各種類的花樣圖案——甚至那些創造性的人類心智。

至於爲何擅自冒昧爲這一部經典原著做出一些專技性的修訂，其有關緣由，我必須加以簡要的說明作爲此前言的結語。儘管此書受到絕大多數評論者的盛讚，但也有一些持批評態度的人士，他們認爲此書時有不夠精確嚴謹，而且冒有誤導讀者的風險。開始那一段時間，我自己並未覺察到任何如此的缺點。但是，多年之後，當我閱讀*哥德爾證明*考慮到就同樣這些構想，以盡可能精確嚴謹以及清晰的方式，親自加以解釋清楚。卻在第VII章裡面的某些段落遇到困難與阻礙，同時，過了不久，我瞭解到，如此困難阻礙並不完全是我的責任，瞭解這本深受喜愛的書具有一些瑕疵，使我內心難過，但是，顯然地，對此我也無能爲力，夠奇怪的是，儘管在我書頁的頁邊空白處，我仔細地註記了我所揭露的缺點，指出如何加以改正——幾乎有如當時我已預見，有一天我將出乎意外地收到來自紐約大學出版社的電子郵件，詢問我是否可以考慮爲這本書的新版寫一篇前言。

歐尼斯特・納格爾和詹姆斯・紐曼所著作這一小巧可愛的巨著所影響的人們裡面，無疑地，我必定是其中之一，也因此，在獲得授予這良機的同時，我理應爲他們拋光擦亮他們的寶石，同時給予它新的光輝，爲這新的千禧年大放異彩。我願相信，如此做，我並非辜負我那受人敬仰的良師益友，反倒是以作爲一個狂熱的信徒的身分，對他們致上無比崇敬之意。

道格拉斯 R. 霍夫史達特

致謝

承蒙哥倫比亞大學 John. C. Cooley 教授慷慨大度的協助，筆者們感激表示謝忱。彼審慎閱讀早先原稿的草稿，協助釐清論證的結構，以及論點闡述的邏輯上之增進。

我們想要感謝《科學美國人》同意本文轉載若干圖表，該圖表曾刊載於該期刊 1956 年 6 月發行的有關哥德爾證明的論文之中。我們感激紐約大學 Morris Kline 教授對於原稿具有助益的建議。

導　讀

懷念

這一本名著的漢譯本之印行, 與我脫不了關係.
譯者蔡元正 是我的學生. 應該是 '複變函數論' 吧! 實際上我幾乎沒有印象. 但是, 我八十歲之後才認識的一見如故的摯友, 就是他的父親蔡信健. (就是在林正弘 教授家.) 信健 說: 兒子進台大數學系時, 送給他的禮物就是 Nagel and Newman: Gödel 's Proof. 兒子跟父親說: 我將來不一定要靠數學吃飯, 但是我大學裡面必定會讀清楚這本書, 我要把它翻譯出來.

當然 E. Nagel 的名字是讀 '科學的哲學' 的人都熟悉的[1]. 但是 James R. Newman, 正弘 應該沒聽過, 反倒我是 1958 春天就聽過這個名字了. 那時候我跟著好友王俊明 參加了一個購書協會, 在這一年之內必須購買美金 50 元 (=2000 元新台幣) 以上的書, 而新會員可以有貴重的贈品. 我選的贈品就是 The World of Mathematics. 這一盒, 四大卷 2530 頁, 是 J. Newman 花了 15 年時間編輯的. 他是個執業律師, 科學的美國人 編委[2]之一, 而且曾經擔任美國駐倫敦 大使館的主任情報官, 以及原子能委員會的顧問[3].
他這盒數學的世界, 輯錄了 133 篇文章, (分屬 26 部內,) 這裡面第 X 部: 數學與無限, XI: 數學真理與數學構造, XII: 思考的數學方式, XIII: 數學與邏輯, 以及第 XIX 部: 數學機器, 共有 (2+7+6+4+3=)22 篇文章, 都涉及到 '數學的思考'. 當然 E.Nagel & Newman 這本小書 Gödel 的證明, 當時是 (102 +xi) 頁, 也就摘錄了 (27 頁) 在第 XI 部之內.

整盒子的文章中, 我只有幾篇是認真讀過的, 當然其中不會有談邏輯的. (我的本意是自嘲: '境界不高的數學家是用不到高深的邏輯學'. 我留學是到 Princeton, 這是 (193*–195*,) von Neumann, Gödel , (與 Einstein,Weyl,) 風雲際會之處. 但是我在 Fine Hall 的下午茶的時間內, 四年的印象中, 好像沒有聽到有人談到邏輯.)

我看到 Gödel 這個名字, 是在 J.Kelley 的書一般位相學 上. 他這本書的序, 就說得很清楚, 只有一節需要用到超限歸納法(transfinite induction), 那就是 Tychonov 定理的證明, 而這定理大概是點集位相學中最重要有用的. 其他就只是在舉例子的時候才偶而用到序數與基數. 因此他在第零章

[1]他是 10 歲就移民到美國的, 所以, 在那一群 '科學的哲學' 家之中, 他是最有美國味道的. (在哥倫比亞大學, 他是第一任 杜威 講座.)

[2]所以他大概可以說是小了兩號的 費馬 法官吧.

[3]大概 1947 年起, 由 9 位一流美國科學家隔幾個月開會討論重要的議題, 例如 '要不要製造氫彈'. 首任主持者是原子彈之父的 歐本海默(一直主持到 1954 年, 他被逐出為止). 我們知道: J. von Neumann 1957 逝世以前的一段年日, 就是原子能委員會的最最重要的顧問. 所以他和 J. Newman 倆人曾經以這樣最敏感最重要的身分共事過!

講預備知識的時候, 最後一節就列出擇取公理的 8 種講法. (而且花了 4 頁篇幅證明《這些講法都是等價的》.) 再加上一句話: 書末有個附錄 (32 頁) 是初等集合論. 幾乎是公理化的集合論, 基本上是依照 Hilbert-Bernays-von Neumann 的 (公理化的) 系統, 但是是由 Gödel 定型的! 那時候 Hilbert 與 von Neumann 的名字, 對我 (們) 來說, 簡直是天神, 但是 Kelley 的書末參考文獻, 沒有 Hilbert 與 von Neumann, 卻有 Gödel 1940 年出版的, 討論連續統假說的書. 這件事我的印象很深刻[4].

現在蔡君要讓五南 印行的漢譯本, 是重新翻譯經過 D.R. Hofstadter 修訂的書. 讀者只要看一下 Hofstadter 的 '新版前言', 就知道他真正是最佳的修訂者: 他是 14 歲就接觸到這本書. 然後奇蹟般地與 Nagel 一家結緣, 他沒有與 J. Newman 見過面, 但他高中畢業時收到 J. Newman 送給他的禮物, 就是上面提到的那一盒數學的世界.

事實上, 他本身就是相當怪逸. 他在語言藝術音樂乃至於工藝各方面都有很好的稟賦與培養, 在開始做學問的時候, 是先到 UC. Berkeley 讀數學, 讀了一下, 覺得這一方面是 '太抽象', 另一方面又是 '太拘束', 所以就轉到 Oregon 大學去, 拿了理論物理的博士學位之後, 他卻是以 Indiana 大學的電腦科學系的教授安身立命. 優哉悠哉地寫下一本 (居然那麼暢銷) 800 頁的厚書: Gödel , Escher, Bach: An Eternal Golden Braid.

現在看到 蔡君 對這個修訂增補版的翻譯, 精緻用心, 一如原著, 我確信讀過這本 Gödel 的證明 晶瑩的譯作的讀者, 鐵定會對於抽象思考的價值, 有更高的敬意. 因此一方面居間介紹 五南書局 出版, 一方面也自告奮勇, 要寫個導讀.
導讀寫好了, 我最敬最愛最親近的朋友, 林正弘 教授, 已被武漢肺炎奪走了. 嗚呼! 哀哉!

---

[4]1958 台大數學系來了一個客座教授 潘廷洸 開了一門幾年一見的課: 位相學. 教室擠爆了. 雖然正式選課的應該沒有幾個. 有一次俊明 說: 殷海光 也來聽課呢.(大概只聽過幾次.) 後來洪成完 說: 《我跟老殷 提過: 點集位相學裡面最重要最有用的 Tychonov 定理是用選擇公理證明的. 其實反過來也可以由 Tychonov 定理出發去證明選擇公理. 所以老殷就來聽聽看. 他的數學程度不高, 沒有念過 analysis. 選擇公理也許不難直覺地接受. 但是 compact 就難了.》老殷 應該是西南聯大的時候就認識潘廷洸.

§O　Gödel 之前

【註】在這篇導讀中, 提到的 '本書', 都是指 Nagel and Newman 的英文原著: Gödel 's Proof 這本書, 不是指譯本.

二十世紀 '最聰明的人' J. von Neumann 說, 他經歷過的, 學問上的三個 '革命', 就是:

- 相對論. 顛覆了 時間空間的 古老的意義與概念.
- 量子力學. 顛覆了 物質存在性 的古老的意義與概念.
- Gödel 的不完備性定理. 顛覆了 數學邏輯 的古老的意義與概念.

前兩者是物理學的革命. 影響到全部的科學. 也影響到哲學尤其認識論. 但後者呢? 也許在本世紀, 會影響到資訊科學, 因而擴及到全部的科學吧.

von Neumann 本人, 對於量子力學的數學基礎, 有著根本的貢獻. 而且, 在 Hilbert 對於數學基礎與邏輯, 提出綱領之後, 差不多就是執行這個綱領的主將了. 他在聽了 Gödel 的演講之後, 當下就抓住 Gödel 定理的意涵, 知道這個綱領是死路. 於是從此 (幾乎) 不讀邏輯學的文章.

我們也可以想一下: 十九世紀有什麼學問上的 '革命'?

無疑地, C. Darwin (-Wallace 等等人) 所提出的生物學的演化論是一件[5].

在物質科學的學術思想上, 其實十九世紀都算是做 '(積極的) 建設': 熱力學, 化學分子說; 掌握到物質與能量的不滅, 以及轉換的機制; 電磁學, (光學,) 鞏固了場 (field) 的概念; 所以這些都算是漸進式的發展.

---

[5]本來是說: Copernicus-Galileo 的 '日心說', 把地球班列在行星之中, 就是貶低人類的地位; 現在讓人類, 去領袖靈長目,(終究是有學名 homo sapiens,) 更是貶低人類的地位.

那麼, 稱得上 ‘革命’ 的, 大概就是在數學 方面的兩件:

- 非歐幾何學. 顛覆了 先天的自明之理 的概念. 把歐氏幾何貶低到與非歐幾何同列.
- Cantor 的集合論. 顛覆了 無窮是無可分辨, 無法進一步討論 的看法. 這也是貶低 ‘無窮’ 的地位.

這兩樣革命, 共同的效果就是: 大大地提昇了數學 (或即是邏輯思考) 的地位! 啟動了數學基礎論的探討! 也引起了數學基礎的哲學上的爭執!

19 世紀的數學, 另有兩個成就: 完成了微積分的基礎, 建立符號邏輯. Leibniz(1642-1727) 發表微積分學是在 1684 年. 而 Newton(1646-1716) 大概是早了將近 20 年, 就知道微積分了. 但是他 1687 年發表曠世巨著 (自然哲學 的) 數學原理(Principia Mathematica) 時, 他還是用拉丁文, 用歐氏幾何的論證與計算, 不用微積分!

全世界的人 (除了 Newton 之後百多年間的愛國的英國人之外,) 所用的微積分, 不論詞彙或者記號, 都是 Leibniz 的那一套. 這套微積分學最關鍵性的詞彙是 ‘微分’, 解釋成 ‘無限小的差分’, 不是零, 而又終究是零, 而 ‘導微’ 就是 ‘求微分之商’. 這樣的晦澀難解, 對於很多哲學家來說, 是無 (以) 解 (釋).

事實上, 一直到 19 世紀, Cauchy(1789-1857) 才定義清楚何謂 ‘極限’, 而 Dirichlet(1805–59) 才定義清楚何謂 ‘函數’.

微積分學的討論, 必須立基在實數系 $\mathbb{R}$ 的完備性之上, 而從有理數系 $\mathbb{Q}$ 去建構 $\mathbb{R}$, 是在 1872 年, 由 Dedekind(1831-1916) 與 Cantor(1845-1918) 分別用不同的方式完成的.

從自然數系 $\mathbb{N}$ 出發去建構 $\mathbb{Q}$, 這是我們從一年級到七年級學到的算術. 而 G.Peano(1858-1932) 也在 19 世紀末, 完成了自然數系 $\mathbb{N}$ 的公理化.(參看本書附錄的注釋 1.) 因此微積分的基礎, 就完全鞏固了, 只要 Peano 的公理化沒有問題.

大哲學家 Leibniz 偉大的夢想是把邏輯推理 化約成算術. 當 G.Boole(1815-64) 發明了他的代數 (與符號) 時, 這是進了一步. L.Frege(1848-1925) 在 1879 年出了一本小書《概念之 書陳 (Begriffsschrift).》書的副題是《以算術為模型, 為了純粹的思考而鑄造的, 數式之語言.》他引入了量化詞,
$\forall$ = 《對於任何一個)》; $\exists$ = 《存在一個》; 於是建立了符號邏輯.

Frege 用符號邏輯來建築算術. 他一生工作的結晶是在世紀之交的前後分別印行的兩冊書. 在下冊 (1902 年) 出版前夕, 他收到了 B.Russell[6] 的來信, 指出他的理論有矛盾. 他趕緊寫一頁付梓前的追記, 宣告: 「華麗的大樓, 啟用之前, 根基崩塌了.」

Russell 接續了 Frege 的邏輯主義 (logicism). 他發現到: Frege 邏輯中的這些矛盾, 等價於 Cantor 集合論中的矛盾. 所以他把集合分成各種型階

[6]偉大的哲學家 (1872-1970), 諾貝爾獎得主, 本書就是題獻給他.

(type), 在製造集合的時候, 對於型階加上一些限制, 以此來制止一些 '病態的集合' 的產生. 以這樣的旨趣, 他與 (老師) A.Whitehead 合著了三大卷的 PM='數學原理'. 書裡的公理系統非常笨重,(基數 1 的定義, 直到 p.347 才出現,) 而且很明顯的不漂亮. 而這個 PM 的最大用途就只是被 Gödel (等人) 當作證明論 (Proof Theory) 的例證而已.

1900 年在巴黎召開 (四年一度的) 國際數學家會議時, D.Hilbert 受邀演講的題目是 新世紀的重要數學議題. 他提出了 23 個問題.
這真是個影響深遠的演講! 其中我們特別注意到:

1°. 連續統假說;

2°. 算術[7]的公理化之融洽 (consistent);

6°. 物理學各部門之公理化.

這裡的 6° 昭告了他是公理主義 (公理教? axiomatism, formalism= 形式主義) 的教宗. 公理化 (axiomatization) 是 Hilbert 的目的, 也是手段.
他剛剛在其前兩三年對於歐氏幾何學施展了公理化, 這是試刀. 他認為[8]物理學的許多部門已經成熟, 公理化的時機已經到了.

1° 表示: 他支持 Cantor 的集合論, 他也和 Russel 一樣, 認識到: 集合論與數學基礎, 邏輯基礎, 密不可分.
2° 根本就是他號召天下來奮鬥工作的目標. 讀了本書的第二第三章就知道這個工作是什麼.
Hilbert 大概是在 1915 (寫下廣義相對論的 Einstein 方程式) 之後不久, 就把全部心思放在 (邏輯學與) 數學基礎論上面. 他在 1928 年出版的 (與學生 Ackermann 合著的)邏輯學 教科書裡, 有個題目是:
《探究 Frege-Russel-Hilbert 的邏輯中的推理規則是否完備》.
Gödel 逮住它, 當做博士學位的題目. 很快就證明了 Gödel 的完備性定理.
殆無可疑: 公理教最嫩的這位博士, 將為本教展開新局!

[7]算術, 指的是: 討論數系的種種運算, 性質.
[8]和 Kelvin 勛爵一樣, 判斷錯誤!

在世紀之交, 樂觀深植於 D.Hilbert 的腦中:

Wir müssen wissen	(We must know)
Wir werden wissen	(We will know)

他 30 年後, (第二遍) 說這句話的時機非常諷刺,
他馬上要在出生地 Königsberg 這裡接受榮譽市民的頭銜,
前一天, 他的大將 von Neumann 才聽到 Gödel 的不完備性定理 I !
(雖然, 再前一天, Gödel 講了他的完備性 定理. 那是他研究的始點.)

Hilbert(- von Neumann) 的綱領, 被 Gödel 燒燬了,
毀滅的火焰中, 誕生了不朽的鳳凰, von Neumann 與 Turing 的通用電腦!
(沒錯: Gödel 為公理教展開新局面! 因為綱領燒毀, 教主啟發的 Proof Theory, Metamathematics, 將拓展應用到別的方面!)

本書是介紹 Gödel 推翻 Hilbert 綱領之革命 的名著, 而 Hilbert 的綱領, 確實肇因於 19 世紀的非歐幾何與集合論這兩件成就. 這個導讀的任務, 就是要解說這兩樣革命, 讓讀者清楚 Hilbert- Gödel 的源流.

導讀的 §D–§F, 主要是解說 G. Cantor 的對角論證法;
導讀的 §H–§M, 主要是解說對照歐氏平面與雙曲的與橢圓的非歐平面.

§A 希臘文明: 推理論證

【Thales】任何一門古典的學問, 通常都推源於 Aristoteles (BC 384-322).
邏輯學也不例外. 我們耳熟能詳的 三段論法(syllogism) 標準的例句是:
《凡人皆有死; Socrates 是人; 故 Socrates 有死》.
這應該是出之於他的教材: 因為 Socrates(BC.469-399) 是他[9]的 '師公'.
在大部分的文明中, 三段論法是相當常見的智慧. 因此希臘人既沒有獨占,
也不能宣稱領先發現. 但是知道 '需要證明'. 大概是個相當領先 的發現.
通常歸功於 Thales (? 624-546 BC.) .

邏輯推理中, 很重要的一件事就是歸謬法. 通常這是在高中學到的, 而且
通常提到的第一個有聊的例子就是:
【Pythagoras(BC.582-497?) 定理】

$$數\ \sqrt{2} \notin \mathbb{Q}\ 為無理數. \tag{A.a}$$

大哲 Plato(BC.427-347) 說: 【人之異於禽獸者】
He is unworthy of the name of man who is ignorant of the fact
that the diagonal of a square is incommensurable with its side.

上述這個定理是高中代數 的標準例題, 而 Plato 講的是幾何:
《任何正方形 $ABCD$ 的邊 $\overline{AB}$ 與對角線 $\overline{AC}$ 是不可共度的!》

所以我們必須咬文嚼字. 假設給了兩個長度 a, c, 而 $a \geq c > 0$, 那麼「以
c 度 a」的意思就是做除法 $a \div c$; 如果這個商是整自然數, 我們就說「c 可
以度 (盡) a」; 通常, 算出這個商的整數部分 m, 那麼 $\mathrm{Mod}(a, c) := a - m * c$
就叫做「以 c 度 a 之餘」. 可以度盡的意思就是無餘: $\mathrm{Mod}(a, c) = 0$.

如果給了兩個相異的長度 a, b, 而我們找到一個長度 c, 使得「c 可以度
(盡) a, 也可以度 (盡) b」, 我們就說: 長度 a, b 是可共度的(commensurable),
而且 c 是它們的一個共度尺寸.

在此情況下, 必定找得到最大公度尺寸, 我們就記之為 $\mathrm{hcf}(a, b)$.

必須清楚分辨, 這裡有兩個不同的問題! 已給了兩個相異的長度 x, y,
(i:) 《可以找到它們的最大公度尺寸 $\mathrm{hcf}(x, y)$》嗎?
(ii:) 假設 肯定可以, 《如何找到 $\mathrm{hcf}(x, y)$》?
歐氏輾轉互度的算則 就是解決了問題 (ii).

把 '長度' 改為 '自然數', 那麼 hcf 叫做最大公約數.輾轉互度 就是初中學
過的輾轉相除法: 一再地運用 以小度大求餘 的工具 Mod.
例如說 $a = 2022, b = 228$, 那麼,
$\mathrm{Mod}(2022, 228) = 2022 - 8 * 228 = 198; \mathrm{Mod}(228, 198) = 30;$
$\mathrm{Mod}(198, 30) = 18; \mathrm{Mod}(30, 18) = 12; \mathrm{Mod}(18, 12) = 6; \mathrm{Mod}(12, 6) = 0;$

[9] Plato 是他的老師. 我想: 他是這樣子來稱揚紀念師公的. 多麼高雅!

最後 (餘數為零時) 的除數, 就是 hcf(2022, 228) = 6.
輾轉互度的要義是: 機械性的遞迴操作! 輾轉相除法在自然數系中行得通的理由是: 狹義遞減的這個餘數數列, 必然終止於零!

【證明 Plato 定理】下圖中有正方形 $ABCD$, 令 $b_0 = \overline{CA}$ = 對角線段; $b_1 = \overline{CB}$ = 一邊長; 要對這兩個線段輾轉互度!

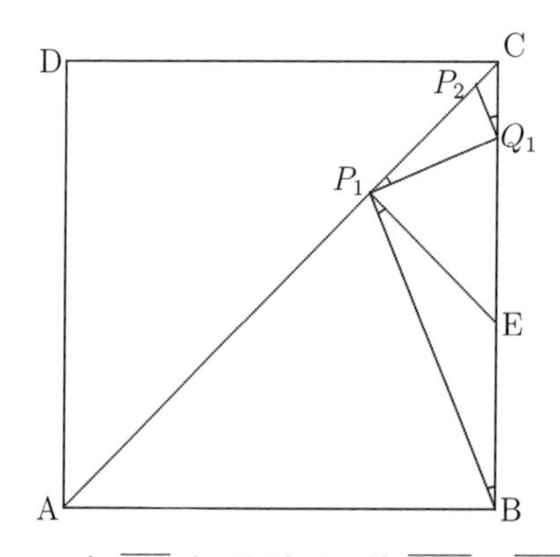

在 $\overline{CA}$ 上, 取點 P_1,
使 $\overline{AP_1} = \overline{AB} = b_1$;
而 $b_2 = \overline{CP_1} = \overline{CA} - \overline{AP_1} = b_0 - b_1$;
過 P_1 做垂線 $\overline{P_1E} \perp \overline{AC}$;
交 $\overline{BC}$ 於點 E.
直角三角形 $\triangle CP_1E$
等腰: $\overline{P_1E} = \overline{CP_1} = b_2$;
兩個直角三角形
合同: $\triangle EP_1A \cong \triangle EBA$;
故 $\overline{EP_1} = \overline{EB} = b_2$;

在 $\overline{EC}$ 上, 取點 Q_1, 使 $\overline{EQ_1} = \overline{EP_1} = b_2$;
於是 $\overline{CQ_2} = \overline{BC} - \overline{BE} - \overline{EQ_1} = b_1 - b_2 - b_2 = b_1 - 2 * b_2$, 就是 b_3.
注意到三角形的角度: $\angle BCA = 45°$, 永遠固定;
$\triangle CP_1B$ 中, $\angle CBP_1 = 22.5°; \angle CP_1B = 112.5°$;
$\triangle CQ_1P_1$ 中, $\angle CP_1Q_1 = 22.5°; \angle CQ_1P_1 = 112.5°$;
$\triangle CP_2Q_1$ 中, $\angle CQ_1P_2 = 22.5°; \angle CP_2Q_1 = 112.5°$;
所以, 我們應該記 $B = Q_0$.
在 $\overline{AC}$ 上做出一系列的點 $P_n, n = 1, 2, 3, \cdots$, 趨近 C 點;
在 $\overline{BC}$ 上做出一系列的點 $Q_n, n = 1, 2, 3, \cdots$, 也趨近 C 點;

在 $\triangle CP_nQ_{n-1}$ 中, 小角 $\angle CBP_1 = 22.5°$ 對小邊 $b_{2n} = \overline{CP_n}$;
大角 $\angle CP_nQ_{n-1} = 112.5°$ 對大邊 $b_{2n-1} = \overline{CQ_n}$;
在 $\triangle CQ_nP_n$ 中, 小角 $\angle CP_nQ_n = 22.5°$ 對小邊 $b_{2n+1} = \overline{CQ_n}$;
大角 $\angle CQ_nP_n = 112.5°$ 對大邊 $b_{2n} = \overline{CP_n}$;

由此可知: 輾轉互度, 永無終止. b_0, b_1 是不可共度的!

§B 數系的完備性

【數系】我們學算術, 代數, 就學會掌握如下一連串的數系:

$$\mathbb{N} \subset \mathbb{N}_0 \subset \mathbb{Z} \subset \mathbb{Q} \subset \mathbb{R} \subset \mathbb{C}. \quad \text{(B.a)}$$

這裡: $\mathbb{N}$ = 自然數系; $\mathbb{N}_0$ = 非負整數系; $\mathbb{Z}$ = 整數系;
$\mathbb{Q}$ = 有理數系; $\mathbb{R}$ = 實數系; $\mathbb{C}$ = 複數系.
這裡用了系 (統) 這個字, 意思就是 '集合'還配合了有構造.
末三個系, 常常用 (更精準的) 體[10]這個字代替系.

【完備性?】這個詞 '完備', 有各式各樣的意思.
「對於一元一次方程式來說, $\mathbb{Z}$ 是不完備的, 而 $\mathbb{Q}$ 是完備的」.
意思是: 限定為整係數時, 不一定找得到整數根; 但是限定為有理係數時, 一定找得到有理數根.

【希臘尺規】大家都聽過希臘人的幾何三大作圖難題:

- 已給一個圓, 求做一個面積相同的正方形.
- 已給一個正立方體, 求做一個體積恰好兩倍的正立方體.
- 已給一個普通的角, (例如說) $60° = \frac{\pi}{3}$, 要把它三等份, 畫出角度為 $20° = \frac{\pi}{9}$ 的角.

這三個問題, 可以簡單地翻譯成: 給了單位長度 之後, 如何
畫出 $u_1 = \sqrt{\pi}$, $u_2 = \sqrt[3]{2}$, 以及[11] $u_3 = \cos(20°)$ 這三個數.
題目的意思當然不是 計算近似值 $u_1 \approx 1.772\cdots$, $u_2 \approx 1.259\cdots$, $u_3 \approx 0.9396\cdots$. 作圖的工具, 叫做 '希臘尺規',"規" 是圓規 (compass), 用來畫圓, "尺" 是直尺 (ruler), 用來畫直線, 尺上無刻度, 尺不是用來 '量度' 的! 而形容詞的 '希臘', 就是在強調最後這句話.

如果在一直線上給了一點 O 來代表 0, 取了另一點 E_1 來代表 1, 那麼在這條直線 (數軸) 上, 用 '希臘尺規' 畫得出來的點, 它所代表的數,(或即 '點的座標',) 叫做(實) 尺規數. 所有的 (實) 尺規數的集合, 記做 $\mathbb{G}_R$.

在繼續討論之前, 我們先明白說出: 上述的三大作圖題已獲解決:

$$u_1 \in \mathbb{G}_R? \quad u_2 \in \mathbb{G}_R? \quad u_3 \in \mathbb{G}_R? \ \text{答案都是否定的.} \quad \text{(B.b)}$$

[10]命名的理由: 這個體系可以做加減乘除四則運算, 如同身體 之有四肢可以施展. 德文與法文的書, 都是用 die Körper, le corps. 英文書普遍的是用 field. 因此被漢譯為「域」的機會很大! 但是用 field 這個字本來就不好.

[11]最後這個, 是方程式 $(\cos(60°) =)\ \frac{1}{2} = 4u^3 - 3u$ 的唯一正根.

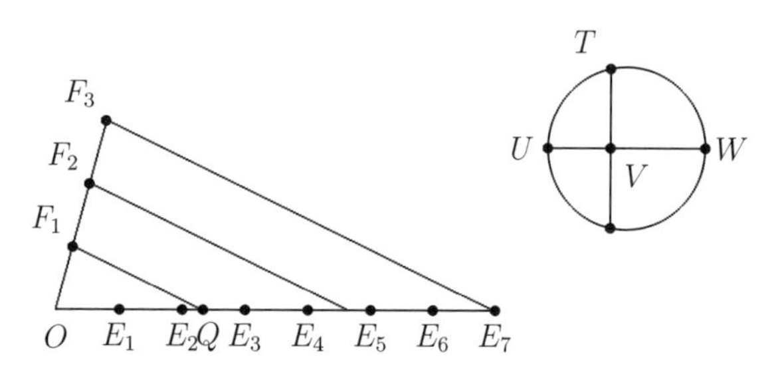

【五則運算】幾何上的作圖法, 在算術代數上就對應到運算.
上圖左, 由 $O = 0, E_1 = 1$, 出發, 做出 $E_7 = 7$, 只用到加減運算;
但是由相似形的作圖法,(用到比例乘除法,) 可做出 $Q = \frac{7}{3}$.
在上圖右, 如果 $\overline{UV} = 1$, $\overline{VW} = x$, 以 $\overline{UW}$ 為直徑畫圓, 則圖中 $\overline{VT} = \sqrt{x}$, 這樣的作圖 '操作', 對應到 (正) 數的開平方. 開平方可以 (應該!) 是第五則算術運算. 所以, 用代數的觀點,'(實) 尺規數' 就定義 為:
(由 0 與 1 出發,) 只利用有限次的五則運算, 所能造出的實數.

為了敘述上的方便, 我們就稱呼一個複數 $z = x + \mathbf{i}y$ 為複尺規數, 如果其虛部 y 與實部 x 都是實尺規數, 記號是 $z \in \mathbb{G}_C$. 事實上, 你在高中就已經知道: 任何複數都可以開平方! (當然是有兩個答案, 相差個負號.)
所以, 用代數的觀點,'(複) 尺規數' 就定義 為:
(由 0 與 1 出發,) 只利用有限次 的五則運算, 所能造出的複數.

【尺規數體的完備性定理】對於二次方程式來說, 有理數體 $\mathbb{Q}$ 是不完備的. 它的完備包就是 $\mathbb{G}_C$,

$$\text{若一元二次方程式的係數都是尺規數, 則根也是尺規數.} \tag{B.c}$$

【代數學根本定理[12]】對於正次數多項式方程來說, 複數體 $\mathbb{C}$ 是完備的.
即: 一個複係數的有聊的多項式方程 $f(z) = 0$ 最少有一個複數根.
【Gauss 的墓碑定理】代數學根本定理 (的證明) 是 Gauss 的博士論文. Gauss 是被認為「有史以來三大數學家之最後一人」.
他選擇數學為志業的「第一個自考題」則是珍奇異常的:

$$\cos(\frac{2\pi}{2^4+1}) \in \mathbb{G}_R, \qquad \sin(\frac{2\pi}{2^4+1}) \in \mathbb{G}_R; \tag{B.d}$$

也就是說: 「利用希臘尺規, 我們可以做出一個圓的內接正 17 邊形」.
【代數數與超越數】我們在初中, 有理數之後, 也學到無理數, 例如 $\sqrt{13}, \sqrt[3]{5}$, 通常也都是以解方程式的觀點來解釋. 前者是方程式 $x^2 = 13$ 的根, 後者是方程式 $x^3 = 5$ 的根; 後來, 實數之後, 也學到 '複數', 也都是這種觀點. 這樣子是有點誤導! 因為代數學根本定理敘述的是 $\mathbb{C}$ 的代數完備性. 然而,'代數

[12]通常在微積分學的第一堂課, 我會叫一個學生起來問 '何謂' 代數學根本定理, 十之七八, 回答:n 次方程式必有 n 個根. 其高中老師顯然不及格. 為什麼呢? 因為定理的意涵就在於複數根的存在性! 「有幾個根?」不在煩惱之列, 因為這是太容易 (幾乎無聊) 的問題.

的完備性', 本身也許不是那麼重要! 因為, $\mathbb{C}$ 的一個很小的部分 $\mathbb{A}_C$, 即下面介紹的代數數 體, 就已經在代數上完備了.

換句話說, 有理數體 $\mathbb{Q}$ 的代數完備包不是 $\mathbb{C}$, 而是代數數 體 $\mathbb{A}_C$, 即所有如下定義的代數數的集合. 我們說複數 ξ 是代數的 (algebraic), 若它是某個整係數多項式方程式的根; 否則, ξ 就是超越(transcendental) 數. 所以前面 (b) 式中所談到的 u_2, u_3 都是代數數, 至於 u_1 則是超越數.

若一元多項方程式的係數都是代數的, 則根也是代數的. (B.e)

【實數系的完備性】宇宙中有唯一的完備的有序體, 即 $\mathbb{R}$. 這是現在嚴格的微積分學教科書的最常見出發點. 我們在 §H. 再講幾句話吧.

§C 集合與映射

【集合, 元素】集合的概念是 Cantor 發明的 (187 幾的年代). 當然很素樸: 只要你想把一些東西組成一堆, '這一堆' 就是一個集合. 當然你也許就需要給它一個記號. 當我們提到一個集合 U 的時候, 要點就是: 隨便拿個東西 v 來, 我們都可以明確地判定 v 是否為 U 的元素.

'是', 我們就記成 $v \in U$; '否', 我們就記成 $v \notin U$.

記號 $\in$ 讀做《屬於》; 記號 $\notin$ 讀做《不屬於》.

於是我們馬上得到空集合 $\emptyset$ 這樣的概念: 它空無所有, 任何人問它: 「這個東西 x 是不是你的元素?」它都答 No.

【子集, 父集】如果集合 U 的每一個元素 u 都是集合 V 的元素, 我們就說 U 是 V 的子集, V 是 U 的父集[13], 記做 $U \subset V$, 或 $V \supset U$.

數學家的慣例 (規約) 是不 採用 排斥性的解釋, 所以我們這裡允許 $U = V$. 另外一方面說, $\emptyset \subset V$, 鐵定成立.

【指冪集】對於一個集合 Ω, 把 Ω 的所有的子集, 湊集起來, 就得到 Ω 的指冪 (集)(power set)

$$2^{\Omega} := \{U : U \subset \Omega\}. \tag{C.a}$$

【註解】冒等號 $:=$ 意思是「定義成」, 而紐括號是集合的製造機.

這裡有個很重要的規約. 我們說到集合的時候, 並沒有重度的概念. 所以方程式 $x^4 - x^3 = 0$ 的解集合是

$$\{x : x^4 - x^3 = 0\} = \{0, 0, 0, 1\} = \{0, 1\};$$

只有兩個元素! 當然: $\{(-1)^n : n \in \mathbb{N}\} = \{-1, 1\}$, 也只有兩個元素! 紐括號裡面出現的東西, 不論出現幾次, 效果上就是只有一次.

---

[13]我用這個字與幾乎所有的人敵對. 但是我堅持! 不只是因為我極重視女權, 而更是因為我的用字正確達意! 在許多數學文章中, 母集 表示 generating set, 也就是在一個系統中, 《能夠生成整個系統的》一個子集.

一個小注意是: 如果 $\Omega = \emptyset$, 它唯一的子集就是自己, 因此: $2^{\emptyset} = \{\emptyset\}$; 這倒不是空集合, 因為這個指冪集含有一個元素 $\emptyset$. 在素樸的集合論中, 經常出現以集合作為元素的集合, 如同這裡的 2^{Ω}.

【集合 A 與 B 間的運算】由兩個集合 A 與 B 可以造出一些新的集合.

- 把所有又屬於 A 又屬於 B 的東西湊集起來, 就得到它們的交截 (集)

$$A \cap B := \{x : x \in A, \text{而且 } x \in B\}; \tag{C.b}$$

上式左側讀成:《A cap B》, 或《A 交截 B》; 而上式右側讀成:《把所有合乎「x 屬於 A 而且 x 屬於 B」的 x, 湊成的集合》.
如果 $A \cap B = \emptyset$, 我們說: A, B 互斥(disjoint).

- 把所有屬於 A 或者屬於 B 的東西, 湊集起來, 就得到它們的併聯 (集)

$$A \cup B := \{x : x \in A, \text{或者 } x \in B\}; \tag{C.c}$$

上式左側讀成:《A cup B》, 或《A 併聯 B》;
注意到: 通常寫 $A \cup B$ 的時候, A 與 B 沒有義務互斥.

- 所以我們也許用特別的記號 $\sqcup$, 來表示互斥併聯,

$$A \sqcup B := A \cup B, \text{但是要求 } A \cap B = \emptyset. \tag{C.d}$$

- 我們定義由 A 減削掉 B 的集合為:

$$A \setminus B := \{x : x \in A, \text{而且 } x \notin B\}; \tag{C.e}$$

切記: 通常 B 沒有義務做 A 的子集!

【Descartes 的乘法】現在要談的這個 '集合間的運算', 更加重要! 如果有不空集合 I 以及 J, 我們隨便取個 $x \in I$, $y \in J$, 得到一 '點' (x, y), 所有的這些 '點' 的集合, 就是 I 與 J 的積集合,

$$I \times J := \{(x, y) : x \in I, y \in J\}. \tag{C.f}$$

作為上述的特例, 對於不空集合 A, 我們可以造出它的自乘 以及 n 次方冪, ($n \geq 3$,)

$$\begin{aligned} A^2 &:= \ A \times A := \{(x, y) : x \in A, y \in A\}; \\ A^n &:= \ \{(x_1, x_2, \cdots, x_n) : \text{諸 } x_j \in A\}. \end{aligned} \tag{C.g}$$

【座標法】許多幾何物件都可以表達成座標平面 (或者空間) 的子集. 例如:

$$\begin{array}{rlll} \text{圓} & \mathbb{S}_1(\rho) & := \{(x, y) : x^2 + y^2 = \rho^2\} & \subset \mathbb{R}^2 \\ \text{閉圓盤} & \overline{\mathbb{B}}_2(\rho) & := \{(x, y) : x^2 + y^2 \leq \rho^2\} & \subset \mathbb{R}^2 \\ \text{開圓盤} & \mathbb{B}_2(\rho) & := \{(x, y) : x^2 + y^2 < \rho^2\} & \subset \mathbb{R}^2 \\ \text{球面} & \mathbb{S}_2(\rho) & := \{(x, y, z) : x^2 + y^2 + z^2 = \rho^2\} & \subset \mathbb{R}^3 \\ \text{閉球體} & \overline{\mathbb{B}}_3(\rho) & := \{(x, y, z) : x^2 + y^2 + z^2 \leq \rho^2\} & \subset \mathbb{R}^3 \\ \text{開球體} & \mathbb{B}_3(\rho) & := \{(x, y, z) : x^2 + y^2 + z^2 < \rho^2\} & \subset \mathbb{R}^3 \end{array} \tag{C.h}$$

【函數】我們學過聽過許多‘函數’(function), 像 sin, cos, 這是你知道名字的函數. 它們是‘機器’, 有功能(function), 例如說: sin 會把 $\frac{\pi}{6}$ 變成 $\frac{1}{2}$, 我們寫成 $\sin(\frac{\pi}{6}) = \frac{1}{2}$. cos 會把 $\frac{\pi}{2}$ 變成 0, 我們寫成 $\cos(\frac{\pi}{2}) = 0$.
【映射】把上面所說的函數的概念推廣, 就得到映射(mapping). 當我們寫 (映射) $f : A \rightsquigarrow B$, 就是以 A 為 f 的定義域(domain), B 是其值域(co-domain), 而整個要點在於: 對於每一個 $x \in A$, 都有一個而且只有一個 $y \in B$, 與 x 有函數 f 的對應關係, 因而寫成 $y = f(x)$. 如此的映射 (函數) 常常被理解為‘因果關係’. 當 $y = f(x)$ 時, x 被當成是‘因’, 而 y 是‘果’; 或者我們說‘機器’ f 把輸入的‘原料’ $x \in A$ 變成‘產品’ $y = f(x) \in B$ 輸出.

【點列】當我說《M 中的一個點列 $(P_n : n \in \mathbb{N})$》時,點列(sequence of points) 的意思是‘函數’. 而此地示明的足碼集 $\mathbb{N}$ 就是其‘定義域’; M 就是其‘值域’. 這裡的啞巴足碼常用的 是 n. 你把 P_n 讀成「P sub n」就相當於把 $f(x)$ 讀成「f of x」

【冪指集合】我們是固定了兩個不空集合 A 與 B 來討論的. 於是我們把所有可能的「從 A 到 B 的映射」合湊成一個集合. 記號是

$$B^A := \{f : (f : A \rightsquigarrow B)\}. \tag{C.i}$$

我只要寫 $f \in B^A$, 意思就是: f 是從 A 到 B 的映射.

【示性函數】我只要寫 $K \in 2^A$, 意思就是: $K \subset A$.

當我擇取了 A 的一個子集 K 的時候, 意思就是: 對於 A 的任何一個元素 x, 我都明確地知道「是否 $x \in K$」. 或者換用一個說法: 如果你拿 A 的一個元素 x 來問我, 你要不要這個元素? 我都有明確的‘要’或‘不要’.

$$1_K(x) := \begin{pmatrix} 1(=\text{要}), & \text{若 } x \in K; \\ 0(=\text{不要}), & \text{若 } x \notin K; \end{pmatrix} \tag{C.j}$$

這個函數 1_K, 定義域為 A, 值域是 $\mathbb{Z}_2 = \{0,1\}$. 就叫做 A 的子集 K 的示性(indicator) 函數. 函數值只有兩值, 通常稱為 (Boole 的) 真假值. 是 =true=1; 非 =false=0. 子集 $K \in 2^A$ 與示性函數 $1_K \in (\mathbb{Z}_2)^A$ 是一體的兩面! 所以 2^A 的記號很有道理.

【嵌射蓋射與對射】一個映射 $f \in B^A$,
稱為是個嵌射(injection),

$$\text{如果 } x_1 \in A, x_2 \in A, \text{ 而 } f(x_1) = f(x_2), \text{ 則 } x_1 = x_2; \tag{C.k}$$

稱為是個蓋射(surjection),

$$\text{如果對於任何 } y \in B, \text{ 都有某個 } x \in A, \text{ 使得 } f(x) = y; \tag{C.l}$$

稱為是個對射(bijection), 如果它‘又是嵌射又是蓋射’.
這時候它的逆映射(= 反函數) 記做 $f^{-1} : B \rightsquigarrow A$, 而 $f^{-1}(y) = x$ 的意思就

是 $f(x) = y$.

【用詞辨義】非常不幸地, 常常見到把 '嵌射' 用英文字 one-one 表達, 然後信實地翻譯成《一一的》; (這真是不幸!) 又把 '蓋射' 用英文字 onto 表達, 強迫它變更詞性 為形容詞, 然後彆扭地翻譯成《映成的》.(這也真是不幸!) 實際上, 要做這三種特稱, 鐵定是出於數學上的需要! 必須很有系統. 以用途來說, 最常用到的是 bijective, 翻譯成《一一的且映成的》(one-one and onto). 真是大大大不幸!

【函數的合成】上面說過函數 $f \in B^A$ 的一種說法是機器, 把 '原料' $x \in A$ 變成 '產品' $f(x) \in B$. 於是, 如果又有一個函數 $g \in C^B$, 要點是它的定義域 B 是 f 的值域, 那麼我們就可以「把函數 g 接續在函數 f 之後」, 因而得到一個函數 $(g \circ f) \in C^A$. 這個函數會把原料 $x \in A$, 變成 $g(f(x)) \in C$. 這是利用前半段的機器 f 把 $x \in A$, 變成產品 $f(x) \in B$, 再接著用後半段的機器 g 把 $f(x) \in B$, 變成產品 $g(f(x)) \in C$.

這樣的合成操作有個簡單有用 (而且顯然) 的
【可締律】: 如果有三個函數 $f \in B^A, g \in C^B, h \in D^C$, 那麼:

$$h \circ (g \circ f) = (h \circ g) \circ f : \tag{C.m}$$

另外, 如下的事實也是很顯然:

$$\begin{array}{l} \text{若 } f \in B^A, g \in C^B \text{ 都是嵌射, 那麼: } g \circ f \in C^A \text{ 也一樣.} \\ \text{若 } f \in B^A, g \in C^B \text{ 都是蓋射, 那麼: } g \circ f \in C^A \text{ 也一樣.} \end{array} \tag{C.n}$$

(對射就不用提了.)

§D Cantor 的碎碎塵埃

拿 (從 0 到 1 的) 么 (閉) 區間 $K_0 \equiv I = [0..1]$ 來.
於是把它三等分; 然後挖掉中間那段開區間 $(\frac{1}{3}..\frac{2}{3})$;
剩下來的是兩段閉區間的互斥併聯 $K_1 = [0..\frac{1}{3}] \sqcup [\frac{2}{3}..1]$.
以下就一再地對每個剩存的小區間, 做這同樣的操作:
《把它三等分; 然後挖掉中間那段開區間, 剩下兩個更短小的閉區間. 》
所以 K_n 是 2^n 個長度為 $\frac{1}{3^n}$ 的閉區間的互斥併聯.
你想像這樣做無限多次之後, 剩下來的集合

$$K_\infty = \cap_{n=1}^{\infty} K_n = \lim_{n\to\infty} K_n. \tag{D.a}$$

這就是 Cantor 的 (碎碎) 塵埃. 它的元素稱為 Cantor 小數.

K_0
K_1
K_2
K_3
K_4
K_5

我相信讀者對於無窮循環小數 的道理絕對有把握[14]. 我們這裡只要做一個提醒. 照我們這種計算, 馬上看出: 任何一個有窮位的小數, 例如 0.328, 就有另外一種表達方式:

$$0.328 = 0.32799999\cdots.$$

反過來說: 把一個 (真正的) 小數 $x, (0 < x < 1,)$ 做拾進位展開[15]時,

$$x = [0.x_1x_2x_3x_4\cdots] = \frac{x_1}{10} + \frac{x_2}{10^2} + \frac{x_3}{10^3} + \cdots; \quad (\forall j, x_j \in \mathbb{D}_{10},)$$

都是只有一種 展開方式, 例外的就是這種 拾進位的有理小數 $x = \frac{k}{10^m}$, 而 m, k 是自然數, k 在 0 與 10^m 之間; 這種 x 有兩種表達方式.

[14]例如說: 要計算

$$s := 0.185185185185\cdots = \frac{185}{10^3} + \frac{185}{10^6} + \frac{185}{10^9} + \frac{185}{10^{12}} + \cdots$$

(說不定, 小學就學到,)

$$1000*s = 185 + \frac{185}{10^3} + \frac{185}{10^6} + \frac{185}{10^9} + \frac{185}{10^{12}} + \cdots = 185 + s; \quad (1000-1)*s = 185; \quad s = \frac{185}{999} = \frac{5}{27}.$$

[15]這裡 $\mathbb{D}_{10} = \{0, 1, 2, 3, 4, 5, 6, 7, 8, 9\}$ 是 阿拉伯數碼集.

做過這個複習之後, Cantor 的塵埃 K_∞ 就可以這樣描述了.
在單位閉區間 $I = K_0$ 裡面的任何小數 x 都可以用 3 進位制表達成:

$$x = \sum_{n=1}^{\infty} \frac{x_n}{3^n}; \quad 但是\ \ x_n \in \mathbb{D}_3 := \{0, 1, 2\}. \tag{D.b}$$

通常 這種表達方式是唯一 的, 例外 的 x 是三進有理數, 例如說:

$$\left(\begin{aligned} \tfrac{14}{27} = &\ \tfrac{1}{3} + \tfrac{1}{3^2} + \tfrac{2}{3^3} + \sum_{n=4}^{\infty} \tfrac{0}{3^n} \\ = &\ \tfrac{1}{3} + \tfrac{1}{3^2} + \tfrac{1}{3^3} + \sum_{n=4}^{\infty} \tfrac{2}{3^n} \end{aligned} \right) 有兩種方式.$$

那麼:

$$\begin{aligned} K_1 &= [0..\tfrac{1}{3}] \cup [\tfrac{2}{3}..\tfrac{3}{3}] \\ &= \{\sum_{n=1}^{\infty} \tfrac{x_n}{3^n} : x_1 \neq 1, 並且所有的\ \ x_n \in \mathbb{D}_3\}. \end{aligned} \tag{D.c}$$

接下來:

$$\begin{aligned} K_2 &= [0..\tfrac{1}{3^2}] \cup [\tfrac{2}{3^2}..\tfrac{3}{3^2}] \cup [\tfrac{6}{3^2}..\tfrac{7}{3^2}] \cup [\tfrac{8}{3^2}..\tfrac{9}{3^2}] \\ &= \{\sum_{n=1}^{\infty} \tfrac{x_n}{3^n} : x_1 \neq 1, x_2 \neq 1, 並且所有的\ \ x_n \in \mathbb{D}_3\}. \end{aligned} \tag{D.d}$$

所以 Cantor 的塵埃 K_∞ 的任何元素, 也就是所謂 Cantor 小數 x, 它的 3 進位展開式中的數碼 x_n 只會出現[16] Cantor 數碼 0 或 2:

$$K_\infty = \{\sum_{n=1}^{\infty} \frac{x_n}{3^n} : 所有的\ \ x_n \in \mathbb{D}_C\}. \quad 但\ \ \mathbb{D}_C := \{0, 2\}. \tag{D.e}$$

並且: 這整個數碼列就由 x 唯一地 確定, 既使 x 是三進有理數. 例如說,

$$\begin{aligned} \tfrac{2}{9} &= \tfrac{0}{3^1} + \tfrac{2}{3^2} + \sum_{n=3}^{\infty} \tfrac{0}{3^n} \\ &= \tfrac{0}{3^1} + \tfrac{1}{3^2} + \sum_{n=3}^{\infty} \tfrac{2}{3^n} \end{aligned}$$

本來有兩種 3 進表達法, 但是後一個表達法, 由於第二碼 $x_2 = 1$, 不合 Cantor 展開的條件: 所有位階的數碼 $x_n \in \{0, 2\}$. (參看上 (e) 式.) 只有前一個表達法合乎要求.

【定理】從 Cantor 的塵埃 K_∞ 到么區間 I 有一個蓋射 Θ:

$$\Theta(\sum_{n=1}^{\infty} \frac{g_n}{3^n}) = \sum_{n=1}^{\infty} \frac{g_n/2}{2^n}. 而對於任何足碼\ \ n, \ \ (g_n/2) \in \{0, 1\} \equiv \mathbb{D}_2; \tag{D.f}$$

[16]我們定義 Cantor 數碼集 為 $\mathbb{D}_C := \{0, 2\}$.

前此我們是,《從 I 一再削減中間的三分之一, 無限多次, 來得到 K_∞,》
而現在這個映射 Θ 可以說是把那樣的工作顛倒做! 由上式看來,
K_∞ 中的三進有理小數, 都被 Θ 變成二進有理小數, 例如:

$$\Theta(\frac{1}{3}) = \frac{1}{2} = \Theta(\frac{2}{3}); \quad \Theta(\frac{7}{9}) = \frac{3}{4} = \Theta(\frac{8}{9});$$

兩個 三進有理小數, 被映射成同一個 二進有理小數; 這樣是「二對一」, 因此 Θ 不是 嵌射. 不過, 對於其他的 Cantor 小數, γ 與 $\Theta(\gamma)$ 卻是「一對一」.

【Cantor 定理】如果 Φ 是個從 $\mathbb{N}$ 到 Cantor 塵埃 K_∞ 的映射, 那麼它 不可能 是個蓋射. 這也就是說: 必定存在一個 Cantor 小數 $\gamma \in K_\infty$, 使得 它不在 Φ 的影子內: 對於任何足碼 $m \in \mathbb{N}$, $\Phi(m) \neq \gamma$.

對於 $\ell \in \mathbb{N}$, $\Phi(\ell) \in K_\infty$ 是個 Cantor 小數, 必定可以唯一地 表達成:

$$\Phi(\ell) := \sum_{n=1}^{\infty} \frac{f_{\ell,n}}{3^n}; \text{而對於任何足碼 } n, \ \ f_{\ell,n} \in \{0, 2\} \equiv \mathbb{D}_C; \tag{D.g}$$

現在, 對於任何足碼 $n \in \mathbb{N}$, 令:

$$g_n := (2 - f_{n,n}) \in \mathbb{D}_C. \tag{D.h}$$

注意到: Cantor 數碼集 $\mathbb{D}_C$ 就只是兩個元素 0 與 2.
並且 g_n 與 $f_{n,n}$ 的參商關係, 如上式 (i), 就是: 《你 0 我 2, 你 2 我 0》.
而因為對於任何足碼 $n \in \mathbb{N}$, $g_n \in \mathbb{D}_C$, 這就保證

$$\gamma := \sum_{n=1}^{\infty} \frac{g_n}{3^n} \in K_\infty; \tag{D.i}$$

那麼這個 Cantor 小數 γ, 必定不是 某個 $\Phi(m) \in K_\infty$.
這是因為我們可以比較 γ 與 $\Phi(m)$ 兩者: 這兩者都是 Cantor 小數,
因而它們在 Cantor 數碼的條件下, 三進展開式都是唯一的.
但是, 在第 m 個位置上, 兩者的數碼分別是: $g_m = (2 - f_{m,m})$ 與 $f_{m,m}$.
如果這兩個 Cantor 數碼相等, 則得到 $f_{m,m} = 1, \notin \mathbb{D}_C = \{0, 2\}$. 矛盾了.

【Cantor 的對角論證法】以上這個證明, 可以重新整理成:
對於兩元集合 $\mathbb{D}_C$ 及 $f : \mathbb{N} \rightsquigarrow (\mathbb{D}_C)^{\mathbb{N}}$, 必可找到 $f^\ddagger : \mathbb{N} \rightsquigarrow \mathbb{D}_C$, 使得:

$$\text{對於任何} \quad n \in \mathbb{N}, f^\ddagger(n) \neq f(n)(n). \tag{D.j}$$

§E 基數

【有窮基數】一個有窮不空集 U 的<u>基數</u>(cardinal number) , 定義為

$$\text{card}(U) := (U \text{ 的元素})\text{的個數}, \ \in \mathbb{N}. \tag{E.a}$$

當然我們定義: 空集合的基數為:

$$\text{card}(\emptyset) := 0. \tag{E.b}$$

對於任何兩個<u>有窮</u> 集合 U, V,

$$\begin{aligned} &\text{若}: \ U \subseteq V \quad \text{則}: \text{card}(U) \le \text{card}(V); \\ &\text{若}: \ U \subsetneqq V \quad \text{則}: \text{card}(U) < \text{card}(V); \end{aligned} \tag{E.c}$$

【基數的運算】對於有窮集合, 若 $\mu = \text{card}(U)$,$\nu = \text{card}(V)$, 則[17]:

$$\begin{aligned} \mu + \nu \ &= \text{card}(U \sqcup V); \\ \mu * \nu \ &= \text{card}(U \times V); \\ \text{故} \ \mu^m \ &= \text{card}(U^m). \quad (m \in \mathbb{N}.) \\ \mu^\nu \ &= \text{card}(U^V). \end{aligned} \tag{E.d}$$

【基數與映射】對於有窮集合間的映射 $\phi : U \rightsquigarrow V$,

$$\begin{aligned} &(i) \quad \text{若}: \ \phi \ \text{為嵌射}, \ \text{則}: \quad \text{card}(U) \le \text{card}(V); \\ &(ii) \quad \text{若}: \ \phi \ \text{為蓋射}, \ \text{則}: \quad \text{card}(U) \ge \text{card}(V); \\ &(iii) \quad \text{若}: \ \phi \ \text{為對射}, \ \text{則}: \quad \text{card}(U) = \text{card}(V); \end{aligned} \tag{E.e}$$

【對於有窮集的 Cantor 的對角論證法】某帝國有個高貴人士的俱樂部 E.
某天的聚會, 帝國的內政部長 XXX 本人親自列席指導.
聚會的最後, 部長上台宣告:
《皇帝 <u>普習金</u> 命令我, <u>從貴俱樂部中選出一些</u> 傑出愛國人士, 加以表揚.》
《現在給每個人一張選票, 一個信封, 選票上就是全部會員名錄. 拜託諸位, 圈選一份參考名單, 彌封於信封內, 交給我. 我連看都不看, 直接 '電腦閱卷', 因為我已經寫好程式. 所以你們圈選的, 全部輸入給電腦之後, 電腦會輸出一份名單給我交差. 同時把全部的輸入銷毀掉, 不存檔》.

皇帝在交派這個任務給部長 XXX 小姐的時候, 面諭:
《妳呈上來的名單 V, 不准與任何一個會員所寫的參考名單完全一致! 》
部長小姐是聽過 Cantor 教授講義的留學生. 她採用 Cantor 教授的妙招, 就可以得到一個名單 V, 符合皇帝的交代了!

記: 會員 $x \in E$ 所寫的參考名單為 $\Psi(x)$.
以下的 <u>他 = 電腦</u>. 他拆開信封 x, 他閱讀 x 所交的參考名單 $\Psi(x)$:

[17]記得我們用 $\sqcup$ 表示互斥併聯.

如果 x 不出現在參考名單 $\Psi(x)$ 內, 他就把 x 寫入名單 V 之內;
如果 x 出現在參考名單 $\Psi(x)$ 內, 他就把 x 剔除在名單 V 之外;

$$V := \{x \in E : x \notin \Psi(x)\}. \tag{E.f}$$

顯然: 對於任何會員 y, 其提供的 $\Psi(y)$ 都有別於部長之所呈 V.

【無窮集】任何人都有無窮集的概念. 那麼: 無窮集和有窮集有何不同?
有窮集不可能跟它的真正的子集有對射! 但是
【定理】無窮集 E 必定跟它的某個真正的子集 G 對射!
因為 E 是個無窮集, 那麼我們可以抽出 E 中的一個無窮序列 $x_1, x_2, \cdots$, 個個不相同! 現在令 $F := E \setminus \{x_n : n \in \mathbb{N}\}; G := E \setminus \{x_1\}$; 令 $\phi(x_n) := x_{n+1}$; 又令 $\phi(u) := u$, 當 $u \in F$; 於是: $\phi : E \rightsquigarrow G$ 是個對射, 如所求.

【無窮基數】對於一個無窮集合 E, 通常就說它的基數 $\text{card}(E) = \infty$.
當我們這樣寫的時候, card 是一個 '函數',

$$\begin{aligned} &\text{'定義域' 是 } \mathcal{E}ns = \text{'所有的集合所組成的集合'}, \\ &\text{'值域' 是 } \dot{\mathbb{N}}_0 = \mathbb{N}_0 \sqcup \{+\infty\}. \end{aligned} \tag{E.g}$$

【定理】上述基數的運算公式 (d), 對於無窮集, 仍然成立! (雖然沒有用處.)

Cantor 說: 這樣的基數的概念是非常粗糙!
《無窮的基數, 不只一種, 而且可以互相比較!》
Cantor 的工作就是: 對於無窮集, 上述 (e) 的 $(i), (ii), (iii)$, 要適當地反用.
第一步是: 反用上述的 $(e.iii)$, 來定義兩 (無窮) 集「基數相同」.

【基數相當】稱兩個集合 U 與 V, 在基數上相當 (equi-cardinal),

$$\begin{array}{rcl} \text{記號是 } U \approx V\text{, 意思是:} & & \text{存在對射 } f : U \rightsquigarrow V, \\ \text{於是, 在 } \mathcal{E}ns \text{ 上,} & \approx & \text{是個等價關係, 如下 :} \\ ⓡ & : & U \approx U; \\ ⓢ & : & \text{若 } U \approx V, \text{則 } V \approx U; \\ ⓣ & : & \text{若 } U \approx V, \text{且 } V \approx W, \text{ 則 } U \approx W; \end{array} \tag{E.h}$$

所以, 我們就可以把 $U \approx V$ 寫成 $\text{card}(U) = \text{card}(V)$.

Cantor 最先確定了兩個無窮基數. 首先是 $\aleph_0$, 其次是 c.
【基數 $\aleph_0$】如果 $U \approx \mathbb{N}$, 我們就說 U 的基數是可列無窮 的 $\aleph_0 = \text{card}(U)$.

【斜對角論證法】平面上第一象限的格子點系 $\mathbb{N}^2$ 之基數 $=\aleph_0$.
我們把 $n \in \mathbb{N}$ 對應到點 P_n, 如下圖:

11			
7	12		
4	8		
2	5	9	
1	3	6	10

$P_1 = (1,1)$;
$P_2 = (1,2), P_3 = (2,1)$;
$P_4 = (1,3), P_5 = (2,2), P_6 = (3,1)$;
$P_7 = (1,4), P_8 = (2,3)$,
$P_9 = (3,2), P_{10} = (4,1)$;
$P_{11} = (1,5), \cdots\cdots P_{15} = (5,1)$;
$P_{16} = (1,6), \cdots\cdots P_{21} = (6,1)$;
$\cdots\cdots$
$\cdots\cdots$

所以你就知道命名的由來了: 斜對角(skew-diagonal) 是說斜率 $= -1$.

【連續統基數 c】如果 $U \approx \mathbb{R}$, 我們就說 U 具有連續統的基數 $c = \mathrm{card}(U)$.
【Galileo (早就知道)】兩條閉線段 I_1 與 I_2, 不拘長短, 基數都相同.

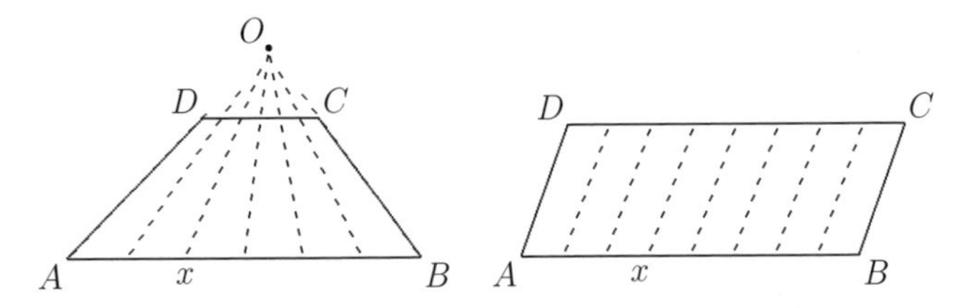

他把兩個線段平行放置為: $I_1 = \overline{AB}, I_2 = \overline{DC}$.
如果它們不等長, 就畫成上圖左, 如果它們等長, 就畫成上圖右, 你當然知道他如何去定義那個對射 $\Phi : I_1 \rightsquigarrow I_2$.

【基數的加, 乘, 冪指】對於兩個基數 μ,ν, 各自隨便取個代表, U, V, 也就是說: $\mathrm{card}(U) = \mu, \mathrm{card}(V) = \nu$, 那麼考慮前此的公式 (d), Cantor 就把等式右側當作左側的定義, 雖然基數 μ,ν, 不限定有窮. 以乘法為例, 這樣的定義行得通的理由是: 若 $U_1 \approx U_2, V_1 \approx V_2$, 則: $(U_1 \times V_1) \approx (U_2 \times V_2)$.

Cantor 的斜對角論證法就解釋成: $\aleph_0 * \aleph_0 = \aleph_0$.
另外, Cantor 的塵埃 K_∞ 之表現定理 §D(e) 式, 就是說明了:

$$\mathrm{card}(K_\infty) = 2^{\aleph_0} = c. \tag{E.i}$$

§F 基數之比較

【集合間的強弱比較】Cantor 反用 §E($e.(ii)$), 而定義
《集合 U (在基數上) 不強於 V》

$$\text{記號是: } U \precsim V, \text{ 意思是: 存在一個從 } U \text{ 到 } V \text{ 的嵌射.} \tag{F.a}$$

從這個定義, 我們馬上得到
反歸律 ⓡ (對於任一集合 U,) $U \precsim U$;
遞推律 ⓢ 若 $U \precsim V, V \precsim W$, 則:$U \precsim W$;

【基本定理[18]】(基數強弱比較的無矛盾性)

$$\begin{array}{l} \text{若 } U \precsim V, \text{而且 } V \precsim U, \text{ 則: } U \approx V. \\ \text{若 } X \subset Y \subset Z, \text{且 } X \approx Z, \text{ 則: } X \approx Y \approx Z. \end{array} \tag{F.b}$$

$$\begin{array}{rl} \text{【記號】若 } U \precsim V, \text{而且 } U \not\approx V, \text{ 則記: } & \mathrm{card}(U) < \mathrm{card}(V); \\ \text{若 } U \precsim V, \text{ 則記: } & \mathrm{card}(U) \le \mathrm{card}(V); \\ \text{故 } \mathrm{card}(U) < \mathrm{card}(V) \text{ 即是: } & \left(\begin{array}{ll} & \mathrm{card}(U) \le \mathrm{card}(V) \\ \text{且} & \mathrm{card}(U) \neq \mathrm{card}(V). \end{array} \right. \end{array} \tag{F.c}$$

【Cantor 關於指冪集的基本定理】對於任何一集 E,

$$\mathrm{card}(E) < \mathrm{card}(2^E). \tag{F.d}$$

換句話說: 如果 f 是個從 E 到 2^E 的映射, 那麼它不可能是個蓋射!
事實上,Cantor 的對角論證法,(§D.(k) 式) 仍然適用:

$$\begin{array}{l} \text{對於 } f : E \rightsquigarrow 2^E, \quad \text{令 } f^\ddagger := \{n \in E : n \notin f(n)\} \in 2^E; \\ \quad \text{則對於 } n \in E, \quad f(n) \neq f^\ddagger; \end{array} \tag{F.e}$$

【另一種比較】我們反用 §E ($e.(iii)$), 而定義《集合 V 在基數上不遜於 U》

$$\text{的記號是: } V \succsim U, \text{ 意思是: 存在一個從 } V \text{ 到 } U \text{ 的蓋射.} \tag{F.f}$$

事實上, 從 $U \precsim V$ 推導出 $V \succsim U$ 很容易, 而反向的推導, 就用到如下的
【擇取公理】若 $g : V \rightsquigarrow U$ 是個蓋射, 則存在 $f : U \rightsquigarrow V$, 使得:

$$\forall x \in U, g(f(x)) = x. \tag{F.g}$$

【三分法】現在用記號《$U \prec V$ 或 $V \succ U$,》表示《$U \precsim V$ 而且 $U \not\approx V$》;
也就是說: 存在一個從 U 到 V 的嵌射, 但是絕不存在蓋射.
所以, 對於任何兩集 E 與 F,

$$\text{如下的三種情形互相排斥: } \quad E \prec F; \quad E \approx F; \quad E \succ F; \tag{F.h}$$

[18] Cantor 本人卡了很久, 後來被 Schröder 與 Bernstein (獨立地) 證明了!

那麼是否完成了基數的大小比較的 三分法(trichotomy)?
不對! 除了說三種情形互相排斥 之外, 還需要 能窮盡. 這也就是

【兩分法】對於任意兩不空集 E 與 F, 如下二者必有其一,

$$\text{《存在一個從 } E \text{ 到 } F \text{ 的嵌射, 或者存在一個從 } F \text{ 到 } E \text{ 的嵌射.》} \quad \text{(F.i)}$$

(Cantor 是直覺上認為如此. 請參看後述的良序公理.)

【連續統假說】Cantor 一直找不到 一個集合 X, 使得: $\mathbb{N} \subset X \subset \mathbb{R}$,
而且 $\aleph_0 = \text{card}(\mathbb{N}) < \text{card}(X) < \text{card}(\mathbb{R}) = c = 2^{\aleph_0}$, 所以他猜想:

$$\text{不存在 基數 } \xi, \text{ 滿足 } \aleph_0 < \xi < 2^{\aleph_0}. \quad \text{(F.j)}$$

這個著名的連續統假說, 還可以推廣:

$$\text{對於無窮的基數 } \aleph, \text{ 不存在 基數 } \xi, \text{ 滿足 } \aleph < \xi < 2^{\aleph}. \quad \text{(F.k)}$$

【全序性】如果對於集合 E 的元素 x, y 之間的左右關係「$x < y$」有明確的解釋, 而且會滿足下述兩個定律, 則這個關係稱為全序, E 稱為全序集:

$$\begin{array}{ll} \text{(可遞律) ⓣ: 若 } x < y, \text{且 } y < z, \text{則 } x < z; & \\ \text{(三分律) ⓐ: 或 } x < y \text{ 或 } x = y, \text{ 或 } y < x, \text{三者必恰有其一.} & \end{array} \quad \text{(F.l)}$$

我們當然寫: $x \le y$ 來表示「$x < y$ 或者 $x = y$」.
【良序性】全序構造稱為良序(well-order), 如果它滿足了

$$\text{良序律: 若 } X \subset E \text{ 不空, 則存在最小元素 } \xi = \min X. \quad \text{(F.m)}$$

配合了良序構造之後的全序集 E, 就成了一個良序集;

$$\text{最小元素 } \xi = \min X \text{ 的定義是: } \xi \in X, \text{ 而且, 若 } z \in X, \text{ 則 } \xi \le z. \quad \text{(F.n)}$$

有了良序性, 我們就可以依序工作, 這樣的方法叫做超限歸納法(transfinite induction). 因為它就是推廣了 $\mathbb{N}$ 中的數學歸納法.
【良序原則】對於任何一個不空集 U, 我們都可以在 U 上, 找到一個 '良序'.
證明前述的擇取公理 (F.g): 對於 V 取定一個 '良序'. 對於每個 $x \in U$,
$V_x := \{y \in V : g(y) = x\}$ 是個不空集. 於是令 $f(x) = \min V_x$ 就好了.
考慮前述的兩分法 (F.i) : 對於兩集 E 與 F, 都給以良序, 於是將 E 與 F 兩者的第 1 個元素 $e_1 \in E$ 與 $f_1 \in F$ 相對應, 第 2 個元素 $e_2 \in E$ 與 $f_2 \in F$ 相對應, 等等, 等等; 這裡就這樣蒙混過去吧. 其實: 任何兩個良序集都可以比較, 這樣就會得到 序數(ordinal number) 的概念. 而且 '序數' 比 '基數' 在概念上更加細緻!

§G 從歐氏到托勒密

【幾何原本】這裡提一些影響到非歐幾何的數學家與數學事項.
歐氏說不定是 Alexandria 學館的首任 '祭酒'. 他大概就是跟國王 Ptolemy (二世?) 講了這麼誠實的一句話《幾何學無御道》. 而他的書 (BC. 300?) 是有史以來最重要的著作. 所有生在其後的學者, 都是他的徒子徒孫.

【Archimedes (約 BC. 287-212)】他被公認為史上三大數學家的頭一個, 在豐功偉績之中, 應該提一樣平常人不知道, 但卻是他最得意的墓碑 定理:
半徑為 R 的球體積 $=\frac{4\pi}{3}R^3$, 球面積[19] $=4\pi R^2$.

這個公式如何具象化? 做一個石球, 再用玻璃做個圓柱面板, 套接在球外. 這圓柱的高 $2R$ 是球的直徑. 所以套接的玻璃圓柱面,
圓柱面積就是 $(2\pi R) * (2R) = 4\pi r^2 =$ 球面積.
【註】羅馬的小兵殺了他, 可是統帥 Marcellus 非常敬重他, 讓家屬就做了這樣的一個墓碑! 羅馬哲學家文學家 Cicero 將近兩百年後, 總督 Syracuse 時, 就在墳堆之中, 找到這個墓碑, 得以憑弔偉人!

【Erastosthenes(約 BC. 276-196)】他也是 Alexandria 學館的祭酒. 他偉大的成就之一就是「丈量地球」.

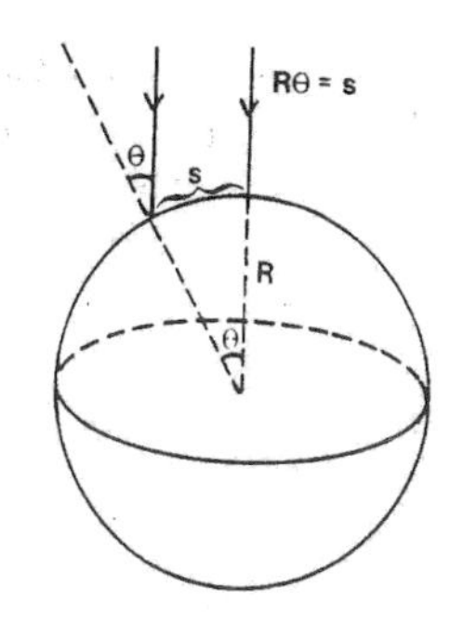

他知道:
在夏至日, 太陽的光線,
在 Seyne 地方, 鉛直射向深井,
而在 Alexandria 的太陽光線,
與鉛直線有角度 $\theta \approx 7.5°$.
兩地的距離, 應該是
大約 $= r * \theta$,
r 為地球半徑,
因為他判定兩地大約同一經度,
他由此就估算出 r.

【Apollonius(約 BC. 261-190)】對於圓錐截線論可以說是集大成.
一平面與頂角為 2α 的圓錐面相截, 所截得的曲線可能是 (a) 橢圓, (b) 拋物線, 或 (c) 雙曲線, 這是要看平面與錐軸的夾角 β 是 $>, =, < \alpha$ 而定.

[19] 應該說後者更難. 事實上 河洛 大數學家 祖沖之, 祖暅 父子, 比他晚了七百多年, 才得到這個結果.

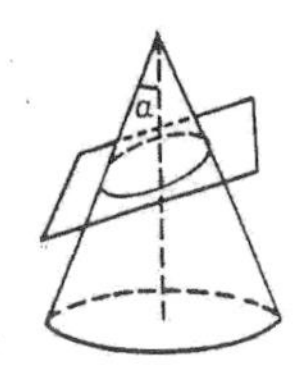

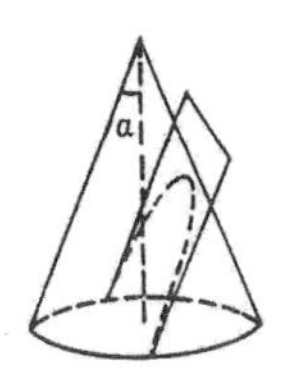

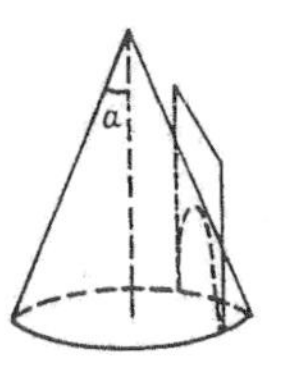

我們這裡要強調: 臨界的, 關鍵的 狀況, 當然是 (b) 拋物線. 這樣的切截操作是太困難了: 稍稍誤動一點點, 就變成了 (a) 橢圓或 (c) 雙曲線.
這有三種涵義:
第一. 拋物線可說是橢圓的極限, 也可說是雙曲線的極限.
第二. 在拋物線頂點的附近, 不容易看出這條曲線會不會是橢圓或雙曲線.
第三. 橢圓是封閉曲線, 而拋物線與雙曲線不封閉. 如果專注在這一個徵兆, 那麼: 拋物的(parabolic) 與雙曲的(hyperbolic) 比較會是可以相提並論的!
這裡提到圓錐截線 (conic section) 的 '橢拋雙' 三種類型, 等於伏下一筆, 與黎氏, 歐氏, 樂氏三種平面相對應.

【球面幾何】緊接著歐氏 (立體) 幾何之後, 就出現了球面幾何學. 然後引申出球面三角學. 故友曹亮吉 教授告訴我: 古時有一陣子, 球面三角學比平面三角學更有用, 更常用! 用的人是天文學家. '球面' 是指 '天幕'.
如此, Ptolemy (75-?) 才可以建構他的 (地心說的) 天象學. 雖然, 從大航海時代以後, '球面' 常常是指 '地球 (表面)'. 當然最好是想成地球儀.

【測地距離】球面上相異兩點 P,Q 如果 (穿過球心 O) 連成直徑, 那麼兩點稱為對蹠(antipodal), 關係比較特別; 否則, P, Q 不對蹠, 那麼三點 P, Q, O, 定出唯一的一個 通過球心 O 的平面; 這種平面與球面的交截線, 是球面的大圓; 於是可以確定出大圓上的一段劣弧 $\overline{PQ}^{\rho}$. 此段劣弧稱為兩點 P, Q 間的 (劣)測地(geodesic) 線段, 其長度 $\rho * \angle POQ$ (弧度制), 就是兩點 P, Q 的測地距離, 或球面距離 $\text{dist}_{\mathbb{S}_2(\rho)}(P, Q)$, 以下簡寫為 $\text{dist}_\rho(P, Q)$.
假定: 兩點 P, Q 對蹠, 則通過 P, Q, O, 的平面不唯一, 所截出的通過此兩點的大圓也不唯一, 根本就是無限其多! 而這樣的大圓被這兩點分割成兩個半圓, 而兩點間的測地距離仍然應該定義成這樣的半圓周長 $= \text{dist}_\rho(P, Q) = \pi * \rho$. 但是不該 使用 '測地線段' $\overline{PQ}^{\rho}$ 的字眼與記號!

【距離的要義】上述的球面距離 dist_ρ 滿足了距離的公理:

$$(\textcircled{m}:)\left(\begin{array}{rl} \text{對稱}: & \text{dist}(P,Q)=\text{dist}(Q,P); \\ \text{正定}: & \text{dist}(P,Q)\ge 0; \\ & \text{dist}(P,Q)=0, \text{當且僅當} \quad P=Q; \\ \text{三角不等式}: & \text{dist}(P,Q)+\text{dist}(Q,R)\ge \text{dist}(P,R). \end{array}\right. \tag{G.a}$$

【球面距離的特異之處】這個函數 dist_ρ

$$\begin{array}{rl} \text{有界}: & 0 \le \text{dist}_\rho(P,Q) \le \pi * \rho; \\ \text{若} & \text{dist}_\rho(P,Q) = \pi * \rho, \quad \text{則} \quad P \text{ 與 } Q \text{ 對蹠}; \end{array} \tag{G.b}$$

除此之外, 球面距離還有一個局部的 (強) 測地性: 對於任意三點 P, Q, R,

$$\text{若}\quad \mathrm{dist}_\rho(P,Q)+\mathrm{dist}_\rho(Q,R)=\mathrm{dist}_\rho(P,R)<\pi\rho, \text{則點 } Q \text{ 在 } \overline{PR}^\rho \text{ 上.} \tag{G.c}$$

【測地直線】我們把球面上的一條大圓稱做測地直線.
- 任何一條劣測地線段, 都可以延伸成 (唯一的) 一條測地直線.
- 相異的兩條測地直線, 必定有兩個交點, 不同而對蹠.
- 相異的兩個點, 最少有一條測地直線經過它們.

事實上, 它們如果不對蹠, 那是只有一條; 如果對蹠, 那是有無窮多條.
- 任何一條測地直線都是封閉的, 長度都一樣是 $2\pi\rho$.
- 對一條測地直線上的三點, 要說「其一介於另兩點間」, 也許有問題!
- 若一條測地直線 ℓ 被剔除掉, 則球面剩下來的是兩個側域, 互不連通: 從兩個側域各取一點 P, Q, 則從 P 到 Q 的任何球面路徑都會交截到 ℓ.

【球面三角】假設 A, B, C, 是球面上三點, 而且和球心 O 四點不共面.
於是我們考慮這個球面三角形 $\overline{\triangle}^\rho ABC$,
- 它的三個 '邊' 指的是三個劣測地線段 $\overline{BC}^\rho = a$, $\overline{CA}^\rho = b$, $\overline{AB}^\rho = c$,

我們把[20]三個測地線段長 (= 弧長) 也混淆地用同樣的記號來表示!
- 弧 $c = \overline{AB}^\rho$ 與 $b = \overline{AC}^\rho$, 相交於點 A. 它們在 A 點的切線之 (劣) 交角, 我們就記為 $\angle BAC = \angle CAB$. 簡記為 $\angle A$, 同樣有 $\angle B, \angle C$; 我們也把三個角度的大小, 混淆地用 A, B, C 來表示!

【合同】在歐氏平面中, 三角形的合同 $\triangle ABC \cong \triangle A'B'C'$, 照定義, 就是指: 三邊長對應相等, 三角度對應相等.
在歐氏平面中的 sas 合同公理 是說: 兩個三角形的合同, 不必照定義去驗證 6 個等號! 只需要驗證 side-angle-side. 《兩邊一夾角對應相同.》
另外也有: 兩角一夾邊 asa, 或者三邊 sss 的合同定律, 可由 sas 公理導出.

在球面上也做同樣的定義: $\overline{\triangle}^\rho ABC \cong \overline{\triangle}^\rho ABC$.
而這三個合同定律 (sas, asa, sss,) 仍然成立!

【相似三角形】在歐氏平面中, 沒有 aaa 合同 定律.
因為, 三角形的內角和為

$$A+B+C=180^\circ \equiv \pi, \tag{G.d}$$

知道兩個角度之後, 第三個角度沒有增加資訊! 我只能畫出一個三角形, 說: 你所說的三角形, 必定與我畫出的這一個三角形相似!
但是, 在球面三角學, aaa 合同定律仍然成立! 事實上,
《在球面上, 沒有相似形這回事!》《在球面上, 相似就是全等!》

【面積與角盈定理】球面三角形 $\overline{\triangle}^\rho ABC$

$$\begin{aligned} &\text{的面積 是} \quad |\overline{\triangle}^\rho ABC| &&= \rho^2 * \epsilon; \\ &\text{的角盈 是} \quad \epsilon &&:= (A+B+C)-\pi. \end{aligned} \tag{G.e}$$

[20]這是和平面三角的習慣一樣.

在球面幾何, '三角形' ABC 的內角和必定超過 π. 角盈 (angular excess) 之名由此而來. 於是由平面上 '多邊形的三角剖分法', 就可以類推出:
球面多邊形的面積等於它的角盈乘以 ρ^2.
當然了: 在球面上, 任何一塊區域的面積都有上界 $4\pi\rho^2$.

【類推】平面與球面的三角形, 還有如下的三個比較耀眼的類推.

- 重心定理. 三角形的三條中線會共點. 這一點就是重心.
- 內心定理. 三角形的三條內角平分線會共點. 這一點就是內心.
  從內心到各個邊的距離相等. 因此內心就是三角形的內切圓的心.
- 外心定理. 三角形的三個邊的垂直平分線會共點. 這一點就是外心.
  從外心到各個頂點的距離相等. 因此外心就是三角形的外接圓的心.

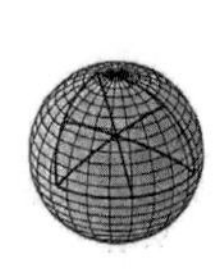
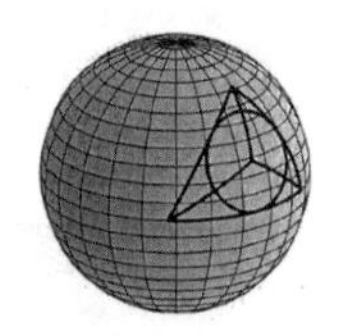
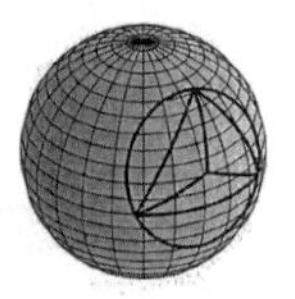

【垂心】垂心應該是三條高線的共同點, 因此, 歐氏平面的直角三角形, 垂心當然就是那個直角頂點. 不過, 在球面幾何, 出現了奇妙的狀況, 因為球面上可以有 兩直角 三角形: 兩個頂點在赤道上, 第三頂點為北極, 其高線並不唯一. 當然其垂心就難以定義了.

§H 薩氏平面

歐氏所寫的幾何原本, 本來就是非常非常嚴謹的. 簡直就是只有一點點 '疏漏', 這些都被 Hilbert 檢討補足了.
以下我們對於 Hilbert 的 '公理化' 的檢討, 做一些解說.
兩千年之中, 對歐氏幾何的研究, 都聚焦在歐氏平行公理. 因此我們應該把所有沒牽涉到平行公理的其他公理, 集結成一套. 我將稱之為薩氏(Saccheri) 公理系統. 而滿足這套公理的體系就稱為薩氏平面.
我們把 '點' 的全集合, 記做 $\mathfrak{P}$, 就是平面; 把 '(直) 線' 的全集合, 記做 $\mathfrak{L}$.
'線' 都是 $\mathfrak{P}$ 的子集.
我們不妨從頭就假定: 每條線有無窮多點; 平面有無窮多線.

【結聯 (incidence) 公理】通過兩個相異 '點' A, B 有一條而且也只有一條直線 $\ell \in \mathfrak{L}$. 我們把 ℓ 記做 $\overleftrightarrow{AB}$.

【序置】對於一條直線上的三相異點 A, B, C, 若「B 介於 A, C 之間」, 我們就用 $\mathrm{Seq}(A, B, C)$ 來表示. 當然要求:

$$若\ \mathrm{Seq}(A, B, C),\ 則\ \mathrm{Seq}(C, B, A). \tag{H.a}$$

【介序 (ordering) 公理】對於一條直線上的三相異點 A, B, C, 必定:

$$\mathrm{Seq}(A, B, C), \mathrm{Seq}(B, C, A), \mathrm{Seq}(C, A, B),\ 三者恰有其一. \tag{H.b}$$

【分隔 (separation) 公理】對於平面的任意一條直線 λ, 平面上扣除了 λ 之外的點, 被分割成兩個集合, 稱為此線的兩側域 (= 開半平面), 而 (如下圖右)

對於異側域的兩點 A, B_1,
線段 $\overline{AB_1}$ 與 λ 必相交;
對於同側域的兩點 A, B_2,
線段 $\overline{AB_2}$ 與 λ 不相交;

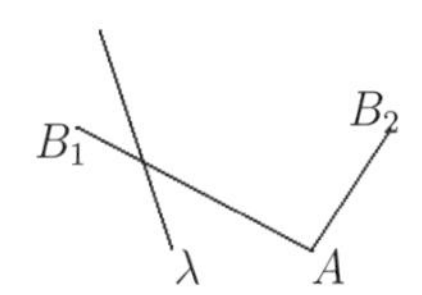

【合同】私底下, 我們把 '線段的合同', 理解為《線段長度相同》,
把 '角的合同', 理解為《角度相同》;
要注意: Hilbert 和歐氏並不是在公理中直接談量度. 而是: 先有 '線段的合同' 的概念, 然後, 才發展出 '線段之長度' 的定義; 先有 '角的合同' 的概念, 然後, 才發展出 '角度' 的定義.
【合同關係】兩線段 $\overline{AB}$ 與 $\overline{PQ}$ 合同, 記成 $\overline{AB} \cong \overline{PQ}$. 兩角 $\angle ABC$ 與 $\angle A'B'C'$ 合同, 記成 $\angle ABC \cong \angle A'B'C'$. 兩者都是一種等價關係, 必須滿足反射性, 對稱性, 與遞移性 (§E.h) 的 ⓡ, ⓢ, ⓣ .
在 §G 中, 我們已經講過三角形的合同, 也提到: 我們照通常的習慣採用 sas 合同公理, 於是推導出 asa 與 sss 合同定律.

【Dedekind 的實數系】這一段是 §B 最後提到的東西, 在這裡做解釋. Hilbert 利用這些來完成他的公理化. (這些當然不是兩千年前的歐氏所知.)
Dedekind 的著眼點是: 有理數系 $\mathbb{Q}$ 與實數系 $\mathbb{R}$ 都是<u>有序體</u>, 意思是: 有四則運算 (是體), 又有左右順序 (是全序集), 並且這兩種構造互相融洽, 因為正數與正數相加, 或者相乘, 都仍然是正數.
但是在順序上, $\mathbb{Q}$ 不完備, $\mathbb{R}$ 才完備, 根本就是前者的完備包.
他檢討: 何謂 '$\mathbb{Q}$ 不完備'? 他說: 《將 $\mathbb{Q}$ '一刀割斷' 時, 可能有隙》.
有序集 $\mathbb{Q}$ 的一個<u>割斷</u>(cut), 意思是割成 <u>左段</u> L 與 <u>右段</u> U, 我們要求: 兩個集合都不空, 互斥, 而併聯起來就是全部集合 $\mathbb{Q}$; 最重要的是: L 的每個元素都小於 U 的每個元素. 於是記此割斷為 $(L, U) \in \mathcal{K}(\mathbb{Q})$.
我們先給幾個例子: $\alpha_i = (L_i, U_i); i = 1, 2, 3, 4$. 這裡:

$$L_1 = \{r \in \mathbb{Q} : r < 0, r^2 > 3\}; \quad L_2 = \{r \in \mathbb{Q} : r < \tfrac{-3}{2}\};$$
$$L_3 = \{r \in \mathbb{Q} : r \le \tfrac{-3}{2}\}; \quad L_4 = \{r \in \mathbb{Q} : r \le 0, 或者\ r^2 < 2\}.$$

因為我們總是定義 $U_i := \mathbb{Q} \setminus L_i$, 所以這些 α_i 都是 $\mathbb{Q}$ 的割斷.
這時候我們可以思考斷口的種種狀況, 也就是問:
左段 L 有極大 max L 嗎, 右段 U 有極小 min U 嗎? 這就有幾種狀況.

- 如果 $a := \max\ L, b := \min\ U$ 都存在, 這割斷 (L, U) 就是個跳躍(jump), 從 a 跳到 b. 但這是不可能的! 因為,$\mathbb{Q}$ 有
【順序的稠密性】任何兩個有理數 $a < b$ 之間, 必有第三個有理數 c, 如算術平均 $c = \frac{a+b}{2}$, 則 $a < c < b$. 而 c 左右無所屬!

- 如果 $\max\ L, \min\ U$ 都不存在, 那麼這個割斷是個漏隙(gap). 我們記做 $(L, U) \in \mathcal{K}_g(\mathbb{Q})$; 如上述的 α_1 相當於無理數 $-\sqrt{3}$,α_4 相當於 $\sqrt{2}$.

- 如果 $\max\ L, \min\ U$ (恰) 有一存在, 則這個割斷是無隙的(gapless), 而這個極端值就是這個無隙割斷的刀口. 例如上述 α_2 的刀口 $= \frac{-3}{2} = \min U_2$; α_3 的刀口 $= \frac{-3}{2} = \max L_3$.

然後他就闡明如何將不完備的 $\mathbb{Q}$ 完備化, 得到 $\mathbb{R}$. 但是我們讀微積分時, 不必煩惱那麼多, 我們就接受這個公理: 實數系 $\mathbb{R}$ 在順序上是完備的. 於是我們可以回到 Hilbert 的幾何公理的敘述.

【Dedekind 割斷的連續性公理】假設: 直線 λ 被分割為不空集合 L 與 U:

$$L \cap U = \emptyset; L \cup U = \lambda; L \neq \emptyset, U \neq \emptyset; \tag{H.c}$$

再假設: 不可能有 L 的一點介於兩個 U 的點之間, 也不可能有 U 的一點介於兩個 L 的點之間, 則: 存在唯一的界斷點 B, 使得:
若 $P \in L$, 則開射線 $\text{ray}(\overrightarrow{BP}) \subset L$; 若 $P \in U$, 則開射線 $\text{ray}(\overrightarrow{BP}) \subset U$.

【基本建構】任一線段, 都可做出中點及中垂線. 任一角, 都可以做出分角線. 一個等腰三角形的兩個底角相等!
三角形的合同定理 asa (兩角一夾邊), sss (三邊) 都成立.
【直線的座標化】在一條直線 λ 上, 任意取不同的兩點 E_0, E_1, 於是可以以 E_0 為 (原)零點, 以 E_1 為 么點, 對這條直線做座標化. 這就是說: 對於任何實數 t, 我們要做出直線 λ 上的點 E_t, 滿足基本要求:
《此直線上的任意兩個線段 $\overline{E_\alpha E_\beta}$ 與 $\overline{E_\gamma E_\delta}$,》
《它們會合同的充分必要條件》就是 $|\beta - \alpha| = |\delta - \gamma|$.
有了這樣的座標化, 此直線上任意兩點 E_α, E_β 的距離, 或即 $\overline{E_\alpha E_\beta}$ 的線段長, 就可以定義成

$$\text{dist}(E_\alpha, E_\beta) = |\beta - \alpha| * \text{dist}(E_0, E_1). \tag{H.d}$$

其中的基準線段長 $\text{dist}(E_0, E_1) > 0$ 是任意取定的. 任何改變只是影響到尺度單位而已.

【距離】現在我們可以在薩氏平面上任意取定一條原始直線, 做好一個座標化, 這也就是任意取定一原始基準線段 $\overline{E_0E_1}$. 然後, 對於平面上任意的其他一條直線, 也進行座標化, 但是都選擇與原始基準線段 $\overline{E_0E_1}$ 合同的線段當作基準線段; 那麼, 此一直線上的任意兩點 P, Q 的 '距離' 也就有明確的定義了. 總而言之: 我們對於平面上的任意兩點 P, Q, 都定義了它們的距離 $\text{dist}(P, Q)$, 也就是定義了線段 $\overline{PQ}$ 之長, 而使得: 平面上任意兩個線段 $\overline{PQ}$ 與 $\overline{LM}$ 合同的充分必要條件就是 $\text{dist}(P, Q) = \text{dist}(L, M)$.
【賦距 (metric) 公理】而這個兩元函數 dist 滿足了距離公理 (§G.a) 的 ⓜ, 而且讓介序關係 $\text{Seq}(A, B, C)$, 就等於

$$\text{dist}(A, B) + \text{dist}(B, C) = \text{dist}(A, C). \tag{H.e}$$

【點線距】任給一直線 λ, 以及線外一點 P, 對於 λ 上的動點 R, 它與 P 的距離 $\text{dist}(P, R)$ 可以取到極小, 這樣的極小點 Q, 就是 P 到 λ 的垂足.
由此, 過 P 點做直線 ℓ 與 $\overline{PQ}$ 垂直, 則 ℓ, λ 平行.
【sss 建構】只要滿足《兩邊和大於第三邊》的條件, 則由三邊長 a, b, c, 就可以建構這樣的三角形. 事實上, 如果已經給了兩點 A, B 使得 $\overline{AB} = c$, 那麼在直線 $\overleftrightarrow{AB}$ 的兩側域, 都各有一個點 C, 使得 $\overline{BC} = a, \overline{AC} = b$.

【圓】以一點 P 為圓心, 一正數 r 為半徑長, 就可以畫出一圓.

$$\mathcal{C}_r(P) := \{Q : \text{dist}(P, Q) = r\}; \tag{H.f}$$

【三點定一圓?】對於三個相異點, 最多只有一個圓, 可以通過它們.

【平行線】平面上的兩條直線, 如果不相交, 就稱為平行.
【薩氏 (1667-1733)-Lambert(1728-1777)-Legendre(1752-1833) 定理】
對薩氏的平面, 只剩下兩擇:
(♠:) 經過直線 λ 外一點 P, 存在 唯一的 直線與 λ 平行.
(♡ :) 經過直線 λ 外一點 P, 存在不只一條 直線與 λ 平行.
注意: 所以薩氏平面常常被稱作中立的 (neutral) 平面.
'中立', 指的就是「中立於歐氏 ♠ 與 (雙曲) 非歐氏 ♡ 之間」.

§I 歐氏平面的笛卡爾模型

【平行公理 ♠】歐氏的幾何原本 中, 已經有下列命題中的前四個:

♠1†: 過任何直線 ℓ 外任何一點 P, 有唯一的一條直線 m, 與 ℓ 平行.
♠2†: 任何三角形 的內角和 $= \pi = 180°$(平角).
♠3: 兩平行線 ℓ_1 與 ℓ_2 被直線 ℓ 所截成的一對同側內角, 角度和 $=\pi$.
♠4: 圓內接三角形 $\triangle ABC$ 的邊 AB 為直徑, 則 $\angle ACB = 90°$.
♠5: (Wallis) 存在相似而不全等的兩個三角形 $\triangle ABC$ 與 $\triangle A'B'C'$.
♠6: (Gauss) 任意給了 $K > 0$, 必定有個三角形, 其面積 $> K$.
♠7: (Legendre,W.Bolyai) 任意的不共線三點都有個外接圓.

【薩氏-L-L 定理】在薩氏平面上, 以上所列的這些命題互相等價, 換句話說: 任何一個命題[21]都可以稱為歐氏平行公理.

【Descartes 平面】把兩個實數 x, y, 括在一起, 稱為一 '點' (x, y); 所有的 '點' 的集合, 可以稱為 Descartes 的平面, 記號是

$$\mathfrak{P}_D \equiv \mathbb{R}^2 := \{(x, y) : x \in \mathbb{R}, y \in \mathbb{R}\}; \tag{I.a}$$

【直線與點】考慮一個兩元 x, y, 的真正一次 式

$$\lambda(x, y) := a * x + b * y + c; \quad 要求 \ a^2 + b^2 > 0, \tag{I.b}$$

於是此真正的一次方程式 $\lambda(x, y) = 0$ 的解集合, 稱為一條直線, 記做

$$\lambda^\natural := \{(x, y) : a * x + b * y + c = 0\} \tag{I.c}$$

那麼, 《點 $P_0 = (x_0, y_0)$ 落在直線 $\lambda^\natural$ 上》的意思就是

$$P_0 \in \lambda^\natural, 也就是 \ \lambda(x_0, y_0) = a * x_0 + b * y_0 + c = 0; \tag{I.d}$$

所有的直線的集合, 記號是

$$\mathfrak{L}_D \equiv \Lambda^\natural := \{\lambda^\natural : \lambda(x, y) \ 是真正的一次式\}; \tag{I.e}$$

【直線上的介序】如果三點 $P_j = (x_j, y_j)$ ($j = 1, 2, 3,$) 是在直線 $\lambda^\natural$ 上, 那麼介繫關係 $\mathrm{Seq}(P_1, P_2, P_3)$ 表示[22]:

$$\begin{array}{ll} 若係數 \ a \neq 0, & (x_1 - x_2) * (x_2 - x_3) > 0; \\ 若係數 \ b \neq 0, & (y_1 - y_2) * (y_2 - y_3) > 0; \end{array} \tag{I.f}$$

【相交與平行】考慮兩條相異 直線

$$\begin{array}{rl} \lambda_j^\natural := \{(x, y) : a_j * x + b_j * y + c_j = 0\}, & (j = 1, 2,) \\ 其中 \ (a_1 b_2 - a_2 b_1)^2 + (b_1 c_2 - b_2 c_1)^2 + (c_1 a_2 - c_2 a_1)^2 > 0; & \end{array} \tag{I.g}$$

[21]稍微進步一點點: 有肩碼註記 † 的命題, 都可以把 '任何一個', 改為 '只要有一個'.
[22]若 $ab \neq 0$, 則兩個式子必定一致.

- 那麼, 它們相交 的條件就是《聯立方程式有解》, 也就是

$$\begin{vmatrix} a_1 & b_1 \\ a_2 & b_2 \end{vmatrix} := a_1 b_2 - a_2 b_1 \neq 0. \tag{I.h}$$

此時 解點唯一, 就是 (Cramer 規則)

$$交點 = (\frac{b_1 c_2 - b_2 c_1}{a_1 b_2 - a_2 b_1}, \frac{c_1 a_2 - c_2 a_1}{a_1 b_2 - a_2 b_1}). \tag{I.i}$$

- 如果它們不相交, $a_1 b_2 - a_2 b_1 = 0$, 我們就說它們 (真) 平行.

【斜率】其實, 對於直線 $\lambda^\natural$ 如上, 我們可以定義其斜率[23] 為

$$\mu = \frac{-a}{b}; \tag{I.j}$$

於是兩線平行的條件就是斜率相等.

【兩點距】在 $\mathbb{R}^2$ 上, 兩點 $P_j = (x_j, y_j)$ ($j = 1, 2,$) 的歐氏距離就是

$$\text{dist}(P_1, P_2) := |P_1 - P_2| \equiv \sqrt{(x_2 - x_1)^2 + (y_2 - y_1)^2}. \tag{I.k}$$

當然我們也就以它做為線段 $\overline{P_1 P_2}$ 之長度. 於是就以線段之長度相同, 做為兩個線段合同 $\overline{P_1 P_2} \cong \overline{P_1' P_2'}$ 的定義.

【點線距】而一點 $P_0 = (x_0, y_0)$ 與直線 $\lambda^\natural$ 的距離就是

$$\text{dist}(P_0; \lambda^\natural) = \left| \frac{a * x_0 + b * y_0 + c}{\sqrt{a^2 + b_2}} \right|; \tag{I.l}$$

【角度】對於不共線的三點 $P_j = (x_j, y_j)$ (這裡 $j = 1, 2, 3,$)

$$\cos(\angle P_1 P_2 P_3) = \frac{(x_1 - x_2)(x_3 - x_2) + (y_1 - y_2)(y_3 - y_2)}{\text{dist}(P_1, P_2)\text{dist}(P_3, P_2)}; \tag{I.m}$$

當然我們也就以 ‘角度相同’ 作為 ‘兩個角合同’ 的定義.
所有以上所說的, 對於中學座標幾何的複習, 就是在說: 這樣子的 Descartes 的解釋, 就可以讓 Descartes 平面成為歐氏平面的公理系統的一個模型.

[23]這裡是允許 $b = 0$ 的, 當然此時 $a \neq 0$, 因而 $\mu = \dot{\infty}$ 是無正負的無窮大.

§J 樂氏平面

【雙曲平行公理 ♡】前節, 薩氏-L-L 定理的另外一種說法就是:
《在薩氏的平面上, 如下的幾個命題互相是等價的!》

$\heartsuit 1^{\dagger}$: 過任何直線 ℓ 外任何一點 P, 都有<u>兩條以上相異</u> 直線, 與 ℓ 平行
$\heartsuit 2^{\dagger}$: <u>任何三角形</u> 的內角和 $< 180°$.
$\heartsuit 2^{?}$: 有某兩個三角形, 內角和不相同.
$\heartsuit 3^{\dagger}$: 兩平行線 ℓ_1 與 ℓ_2 被直線 ℓ 所截成的一對同側內角, 角度和 $< \pi$.
$\heartsuit 4^{\dagger}$: 圓內接三角形 $\triangle ABC$ 的邊 AB 為直徑, 則 $\angle ACB < 90°$.
$\heartsuit 5$: (不存在相似三角形) 對於 $\triangle ABC$ 與 $\triangle A'B'C'$,
若: $\angle A \cong \angle A', \angle B \cong \angle B', \angle C \cong \angle C'$, 則: $\triangle ABC \cong \triangle A'B'C'$.
$\heartsuit 6$: 有個上界 $K > 0$, 使得<u>所有三角形</u> 的面積 $\leq K$.
$\heartsuit 7$: (Legendre,W.Bolyai) 存在沒有外接圓的不共線三點.

【薩氏】下右圖[24]的四邊形 $ABCD$ 在研究中, 最常被要求:

下底角度 $|\angle DAB| = 90° = |\angle ADC|$;
兩腿長 $AB = CD$.
連接下底 $\overline{AD}$ 中點 E
與上底 $\overline{BC}$ 的中點 F,
由對稱性, 就得到兩個合同的
Lambert 四邊形 $\square AEFB, \square DEFC$

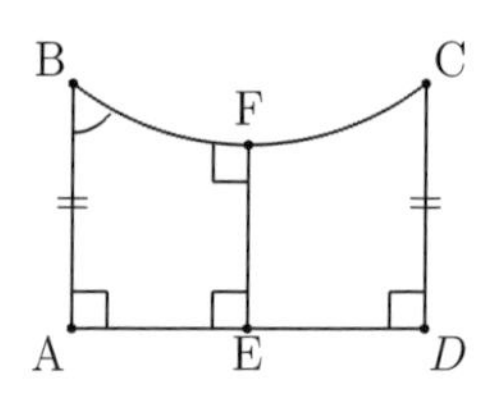

兩個 Lambert 四邊形都有<u>三個直角</u> 度, 只剩下

$$\text{上底角度} \quad |\angle ABC| = |\angle DCB|; \quad \text{或者} \ \angle ABF = \angle DCF$$

Omar Khayyam 已經知道, 這個角度的三個可能性, 就相當於:
(鈍角假設:) 過一條直線 ℓ 外的一點 P, 做不出直線, 與 ℓ 平行
(直角假設:) 過一條直線 ℓ 外的一點 P, 恰好有一條直線, 與 ℓ 平行
(銳角假設:) 過一條直線 ℓ 外的一點 P, 有<u>兩條以上相異</u> 直線, 與 ℓ 平行

薩氏知道: 鈍角假設的意思就是《直線不能無限延長.》
因此他排除了這樣的橢圓式的非歐幾何學 (參見 §L.). 如果再排斥直角假設 (歐氏平行公理), 就只剩下銳角假設. 薩氏公理加上雙曲平行公理 ♡, 就叫做 <u>樂氏</u>(Lobachevsky) 公理系統. 以下, 取定滿足這個公理系統的<u>雙曲平面</u>.

【圖解會誤導!】因為薩氏- Lambert 的兩條平行線 $\overleftrightarrow{AD} \parallel \overleftrightarrow{BC}$, 是<u>普通的平行</u>, 而另外有一種不普通的平行, 叫做<u>終極的平行</u>. 這不容易被畫圖畫出來!
對於兩條平行線 ℓ_1, ℓ_2, 我們取點 $P_1 \in \ell_1, P_2 \in \ell_2$, 考慮它們的距離

[24]圖中 $ABCD$ 是薩氏四邊形. 因此 BFC 是一直線! 這樣畫已經接受銳角假設了.

$\text{dist}(P_1, P_2)$, 當然 > 0. 問題是: 這樣的距離有沒有最小值?

在上右圖中, 兩平行線 $\ell_1 = \overleftrightarrow{AD} \parallel \overleftrightarrow{BC} = \ell_2$, 有公垂線段 $\overleftrightarrow{EF}$. 可以證明, 這就是上述問題的極小值.
如果動點 P_2 從 F 處往右走, 那麼它到直線 ℓ_1 的點線距 $\text{dist}(P_2, \ell_1)$ 是漸漸增加, 趨近無限大! 反之, 如果動點 P_2 是由 F 處開始, 往左方移動, 那麼點線距 $\text{dist}(P_2, \ell_1)$ 也是漸漸增加, 趨近無限大. 可以說: 這兩條普通平行線 ℓ_1, ℓ_2, 從公垂線處, 往左右兩個方向去, 都是分道揚鑣的.
在雙曲平面上, 所發生的終極平行的現象可以用下圖來解說.
假設 A 是直線 ℓ 外的一點. 我們要考究: 通過 A 點的直線 $\overleftrightarrow{TT'}$ 與 ℓ 相交抑或平行.

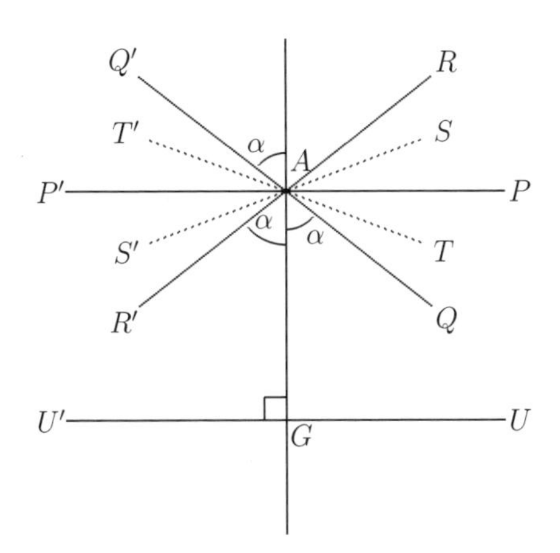

由 A 畫垂線到 $\ell = \overleftrightarrow{U'U}$, 垂足為 G. 垂線 $\overleftrightarrow{AG}$ 把它的外部分割成 '左''右' 兩個半面側域. 在圖中, 左側域的點都有撇號, 右側域的點都沒有撇號. ℓ 的左向射線為 $\overrightarrow{GU'}$, 右向射線為 $\overrightarrow{GU}$.
現在通過 A 點畫 $\overleftrightarrow{GA}$ 的垂線 $\overleftrightarrow{P'P}$. 於是: $\overleftrightarrow{P'Q'} \parallel \overleftrightarrow{PQ}$. 這是普通的平行, 因為有共同的垂線段 $\overline{GA}$.

根據雙曲平行公理, 我們可以畫另外一條 $\ell = \overleftrightarrow{PQ}$ 的平行線 $\overleftrightarrow{TT'}$ 通過點 A. 那麼我們可以假定 $\angle GAT$ 的角度為銳角, 並且射線 $\overrightarrow{AT}$ 在右半面.
在所有可能的這種射線 $\overrightarrow{AT}$ 之中, 就可以找到最小角度的 $\angle GAT$, 把這條射線記做 $\overrightarrow{AQ}$, 而其逆向的射線為 $\overrightarrow{AQ'}$. 於是得到角度 $|\angle GAQ|$, 這叫做 A 點對於直線 $\ell = \overleftrightarrow{U'U}$ (或者說是對於射線 $\overrightarrow{GU}$) 的 (終極) 平行角.
而射線 $\overrightarrow{AQ}$ 或者其衍伸的直線 $\overleftrightarrow{Q'Q}$, 就對應地稱為 A 點的 (終極) 平行 (右向) 射線或直線. 暫時我們就記成: $\overrightarrow{AQ} \overset{\parallel}{\bullet} \overrightarrow{GU}$.

其實左右對稱! 我們也可以得到 A 點 (對於直線 $\ell = \overleftrightarrow{U'U}$, 或者說是) 對

於射線 $\overrightarrow{GU'}$ 的 (終極) 平行 (左向) 射線 $\overrightarrow{AR'} \overset{\parallel}{\bullet} \overrightarrow{GU'}$.
【平行角函數】最重要的是這個 (終極) 平行角度 $\alpha := |\angle GAQ| = |\angle GAR'|$, 通常是記做 $\Pi_\ell(A)$ 或者 $\Pi(A)$. 由於空間的匀齊性(homogeniety), 這個角度只與點線距 $d = \text{dist}(A, G) = \text{dist}(A, \ell)$ 有關. (Gauss 和) 樂氏就以這個終極平行角度 α 與 d 之間的函數關係做為研究的出發點. 樂氏是在抽象的雙曲平面上做計算! 以無窮的毅力, 算出幾乎所有的歐氏幾何的類推!

§K 龐氏的圓盤模型

Bolyai 與樂氏, Gauss 的雙曲平面幾何學被公告於世, 意思是滿足整套雙曲 (平面) 幾何公理的世界就抽象地存在 了. 這套公理規範了點的集合 $\mathfrak{P}$ 與線的集合 $\mathfrak{L}$. 後來就有許多人提出了種種模型來彰顯這樣的平面幾何學. 這裡我們只談論由著名的數理學者龐氏(H. Poincaré) 所提出的一個.

【模型的內在與外在】令

$$\mathfrak{P}_P \equiv \text{開么圓盤 } \mathbb{B}_2 := \{(x, y) : x^2 + y^2 < 1\}. \tag{K.a}$$

Helmholtz 與龐氏教我們美妙的想法: 分辨 '內在' 與 '外在'.
想像在 $\mathfrak{P}_P \equiv \mathbb{B}_2$ 上, 住了一種二維的智慧的質點= 內在的 '人'. 而對它們來說, $\mathfrak{P}_P$ 就是它們的全部的世界! 雖然 $\mathbb{B}_2$ 明明就是歐氏平面 $\mathbb{R}^2$ 的子集, 但是它們不知道有 '外在的' 世界.
我們 (= 外在的人! 如龐氏) 注視著它們在 $\mathbb{B}_2$ 上活動. 對我們來說, 這個開圓盤 $\mathbb{B}_2$ 當然有邊緣, 就是那個么圓 $\mathbb{S}_1$. 不過, 這是完全在開圓盤之外的! 因此, 么圓上的任何一點都是它們看不到的無窮遠點'.

【基本的物理解釋】龐氏說: 想像這圓盤是個玄妙的世界. 在這個世界的任何一 '點' $\mathbf{u} = (u_1, u_2)$, 都具有 '玄妙溫度' 為 $1 - |\mathbf{u}|^2 = 1 - (u_1^2 + u_2^2)$.
這個世界的 '人', 它的感官之基本尺度, 是隨地改變的: 與玄妙溫度 $1 - |\mathbf{u}|^2$ 成正比. 因此這世界的兩 '點' $\mathbf{u} = (u_1, u_2)$ 與 $\mathbf{v} = (v_1, v_2)$ 的 '玄妙距離' $\text{dist}(\mathbf{u}, \mathbf{v})$ 並不是 我們外在的人所認為的 (歐氏的) 外在距離

$$|\mathbf{u} - \mathbf{v}| := \sqrt{(u_1 - v_1)^2 + (u_2 - v_2)^2}. \tag{K.b}$$

例如說, 當這個質點沿著圓周 $\Gamma_1 : u_1^2 + u_2^2 = (\frac{2}{3})^2$ 走了一圈時, 它認為這一圈的 '週長' 是 $\frac{1}{1-(\frac{2}{3})^2} * 2\pi(\frac{2}{3}) = \frac{12\pi}{5}$; 是外在的週長的 $\frac{1}{1-(\frac{2}{3})^2} = \frac{9}{5}$ 倍!
當這個質點沿著圓周 $\Gamma_2 : u_1^2 + u_2^2 = (\frac{3}{4})^2$ 走了一圈時, 它認為這一圈的 '週長' 是 $\frac{1}{1-(\frac{3}{4})^2} * 2\pi(\frac{3}{4}) = \frac{24\pi}{7}$; 是外在的週長 之 $\frac{1}{1-(\frac{3}{4})^2} = \frac{16}{7}$ 倍!
(這兩條路線, 較靠近中心點的, '量度所致的膨脹' 較小!)

一個質點在 $\mathfrak{P}_P$ 上沿著一條路徑運動, (它認為) 它走了多遠的路程, 和我們認為的路程, 並不相同!

宇宙最根本的原理是說:《質點 行必由徑.》給定 $\mathfrak{P}_P$ 的兩點 $\mathbf{u}, \mathbf{v}$, 這個玄妙智慧的質點, 會在所有可能的,(起點為 $\mathbf{u}$, 終點為 $\mathbf{v}$ 的) 良好的路徑之中找到路程最短者. 這條路徑就叫做由 $\mathbf{u}$ 到 $\mathbf{v}$ 的測地線段(geodesic), 而這個路程就叫做兩點 $\mathbf{u}, \mathbf{v}$ 的測地距離(geodesic distance).
這些計算都是內在的, 不是外在的. 例如說: 如果要由點 $\mathbf{u} = (\frac{1}{2}, \frac{-1}{2})$ 走到點 $\mathbf{v} = (\frac{1}{2}, \frac{1}{2})$, 用外在的眼光當然是 '應該走直線', 縱線段, 在行走的路程中, 保持橫坐標為 $x = \frac{1}{2}$, 而縱坐標由 $y = \frac{-1}{2}$, 增加到 $y = \frac{1}{2}$, 但這是外在世界 (不懂數學) 的人所想的 '應該'. 內在世界的 '人', 是走 '直線', 走 '捷徑', 這個 '內在的直線段', 外在地看, 是稍微偏在此縱線的左側, 比較靠近中心點, 這樣會讓量度出來的 (內在) 路程較短.

如何算出測地線段與測地距離, 數學上叫做變分法. 此地的問題還不算頂麻煩, 龐氏的結論是: 對於 $\mathfrak{P}_P$ 的任意 (相異) 兩點 $\mathbf{u}, \mathbf{v}$, 必定有 (唯一的) 測地線段 λ, 因而有正的 (有限的) 測地距離.(以下就簡稱距離.) 而且這樣的測地線段, 都可以從兩端延伸成更長的測地線段. 這樣子一直延長, 就是內在世界的 '人', 所認為的 '無限長的 (測地) 直線'. 但是, 對於外在世界的人來說, 尋常的 測地直線 λ 只是一段圓弧, 是衍伸圓 $\tilde{\lambda}$ 落在此開圓盤內的那一段, 而且:

《這個衍伸圓 $\tilde{\lambda}$ 與么圓 $\mathbb{S}_1$ 相正交,》

也就是說: 這兩個圓, 在交點處, 切線會通過對方的圓心.

不尋常的 測地直線 λ 則是這個開圓盤 $\mathbb{B}_2$ 的一條直徑.
下圖中, 有四條尋常的 '測地直線', 即開圓弧 $P_1Q_1, P_3Q_3, P_1Q_2, P_1Q_2$. 必須強調: 內在世界的 '人', 認為這些 (測地) 直線' 都是 '無限長. 開圓弧的兩端點不屬於開圓弧; 不屬於內在的無窮平面 $\mathfrak{P}_P$.

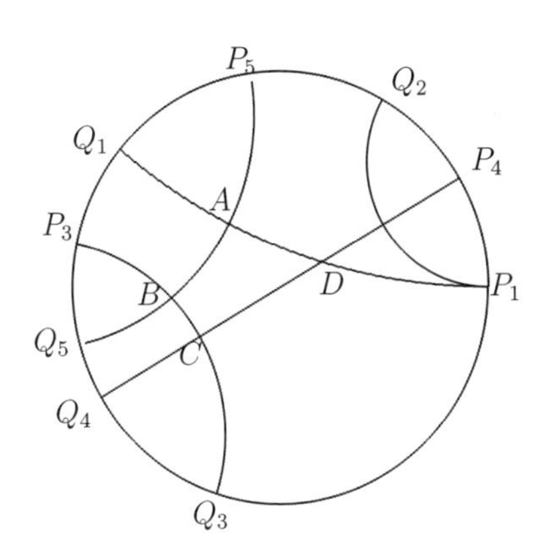

在圖中, 還另有一條不尋常的 '測地直線', 即開直徑 P_4Q_4. 它的 '衍伸圓' 則是直線 $\overleftrightarrow{P_4Q_4}$, 這當然是與么圓正交. 任何一條直線都可以看成是廣義的圓, 其半徑無窮大, 而其圓心就在與此直線垂直的方向上的無窮遠處.
在圖中, 兩條 '測地直線' P_1Q_1 與 P_1Q_2 是終極平行: 外在地看, 它們的交點是 P_1, 內在地看, 它是看不到的無窮遠點.

【兩 '點' 定一 '直線' 之驗證】從外在的觀點, 這就是說: 對於 $\mathbb{B}_2$ 中的任何兩個相異點 A, B, 我們都可以作圖, 畫出圓 $\mathcal{C}(A,B)$: 這是通過 A, B 兩點唯一的正交圓.(正交圓 = 與么圓正交的圓.)
有兩個類似的作圖題: 畫出正交圓 $\mathcal{C}(A,P)$, 畫出正交圓 $\mathcal{C}(P,Q)$, 其中, A 在開圓盤內, P, Q 在么圓上. 這些正交圓的作圖題是簡單的[25]平面幾何.
【雙曲平行公理之驗證】這就是說: 過 '直線' ℓ 外一 '點' A, 要畫兩條 ℓ 的 '平行線'.
記 '直線' ℓ 的 '無窮遠端點' 為么圓上的 P, Q 兩點, 於是, A 是 $\mathbb{B}_2$ 中的一點, 且不在正交圓 $\tilde{\ell} = \mathcal{C}(P,Q)$ 上.
而我們可以作出正交圓 $\mathcal{C}(A,P)$ 與正交圓 $\mathcal{C}(A,Q)$. 由內在的世界 (= 侷限在 $\mathbb{B}_2$ 中) 看來, 這是兩條 '直線', 而且都是 '平行' 於 '直線' $\mathfrak{C}^\natural(P,Q)$, (在後者的各自一側) 終極平行!

【'距離'】對於 $\mathfrak{P}_P$ 的兩點 $\mathbf{u}, \mathbf{v}$, 它們的測地距離, $\mathrm{dist}_P(\mathbf{u}, \mathbf{v})$ 可以由下述的龐氏公式[26]算出來.(這裡把 $\mathbb{B}_2$ 中兩點寫成 $\mathbf{u} = (u_1, u_2)$, $\mathbf{v} = (v_1, v_2)$,
而且寫 $|\mathbf{u}|^2 := u_1^2 + u_2^2$; $\mathbf{u} - \mathbf{v} = (u_1 - v_1, u_2 - v_2)$.)

$$\cosh(\mathrm{dist}_P(\mathbf{u}, \mathbf{v})) := 1 + \frac{2 * |\mathbf{u} - \mathbf{v}|^2}{(1 - |\mathbf{u}|^2)(1 - |\mathbf{v}|^2)}. \tag{K.c}$$

§L 黎氏平面

【鈍角假設】在 §P 中, 我們提到 Lambert 的 (三直角) 四邊形. Khayyam 已經知道, 第四角的三種情形就相當於三角形內角和的三種情形:
(直角假設:) 三角形內角和 = 平角 = 180°;
(銳角假設:) 三角形內角和 < 平角 = 180°;
(鈍角假設:) 三角形內角和 > 平角 = 180°;

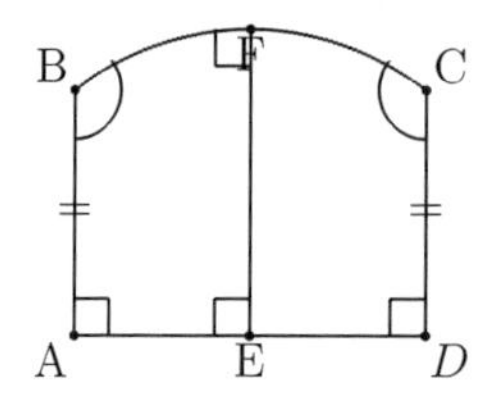

左圖薩氏四邊形 $\square_s ABCD$
被上下底中點連線 EF,
劃分成兩個合同的
Lambert 四邊形 $\square AEFB, \square DEFC$
圖示意的是鈍角假設.

薩氏已經知道這樣的鈍角假設會導致:
任何兩條相異直線, 必定相交, 不可能平行.
任何直線不能無限延長.

[25]最高深處只是圓冪定理.
[26]因此計算距離, 都是要用到 (反) 雙曲餘弦函數. 當然通常的工程用電算器會有這個函數.

後者是薩氏絕不接受的! 因為它與結聯公理及介序公理都有衝突!
所以, 鈍角假設與薩氏的公理系統, 是幾乎從頭就分道揚鑣了.
這裡想要直接用一個有趣而簡單的模型, 來解說橢圓式的非歐平面幾何.

出發點是: 「球面三角形的內角和 $>$ 平角 $= 180°$」; 這讓我們想到: 也許將球面的一些幾何事實抽象化, 或者說: 做個新解釋, 就可以實現橢圓式的非歐平面幾何.

事實上, 前此在 §G 中, 我們已經注意到:
「球面」的大圓, 可比擬為「平面」的直線;
「球面」的兩大圓之交角[27], 可比擬為「平面」的兩直線之交角;
「球面」的(大圓) 劣弧段, 可比擬為「平面」的直線段;
「球面」三角形 $\overline{\triangle}^{\rho}ABC$, 可比擬為「平面」的三角形 $\triangle ABC$.

【通不通?】上述的比擬解釋, 幾乎 行得通! 行不通的地方, 主要就在於結聯公理有兩處疑問.
「兩點定一線」, 對於球面上不對蹠兩點成立, 但若對蹠, 就不對了!
「兩線 (最多) 有一交點」, 但在球面上, 兩條 '直線', 恰有唯二的 對蹠的交點.

【黎氏平面】有個美妙而且簡單的辦法, 可以解除上述結聯公理的障礙.

- 把球面上, 對蹠的兩點 $A, -A$, 等同起來, 換句話說:
《把對蹠耦 $A^{\varkappa} := \{A, -A\}$, 看成單獨一玄點》!

  $\mathbb{S}_2(\rho)$ 的兩點 A, B, 會對蹠等價 $A \sim_{\pm} B$ 的意思是 $A = \pm B$;
  黎氏平面就是此球面對於對蹠等價關係 的
  商空間 $\mathfrak{P}_R \equiv \mathbb{S}_2^{\varkappa}(\rho) := \{A^{\varkappa} : A \in \mathbb{S}_2(\rho)\}$. (L.d)

- 對於 $\mathbb{S}_2(\rho)$ 上的一條大圓 ℓ, 把落在 ℓ 上的所有的 '對蹠耦' 集合成

$$\ell^{\varkappa} := \{A^{\varkappa} : A \in \ell\}. \tag{L.e}$$

  就得到黎氏(Riemann) 平面 $\mathfrak{P}_R$ 上的一條玄線 $\ell^{\varkappa}$. 所有的玄線, 就集成 $\mathfrak{L}_R$.

不難驗證出黎氏平面 $\mathfrak{P}_R$ 上的結聯公理:
過兩個相異玄點 $P, Q \in \mathfrak{P}_R$, 有唯一的一條玄線 $\overleftrightarrow{PQ} \in \mathfrak{L}_R$;
兩條相異玄線,$\ell^{\kappa}, m^{\varkappa}, \in \mathfrak{L}_R$, 交截出唯一的玄點,$(\ell \cap m) \in \mathfrak{P}_R$.
【兩 '線' 之交角】黎氏平面上的兩 '線' $\ell^{\kappa}, m^{\varkappa}$, 相當於球面 $\mathbb{S}_2$ 上的兩條大圓 ℓ, m, 而 ℓ, m 之交角本來就定義成: 它們在交點處的切線之交角 (不取鈍角), 這就是兩玄線 $\ell^{\kappa}, m^{\varkappa}$ 之交角.

---
[27]這是兩大圓在交點處的切線之交角.

【玄妙難解?】先警告: 這個玄妙的黎氏平面,
「在我們的歐氏三維空間, 根本是無法表現的!」
但是我們可以想像這樣玄妙的機制: 一個在 $\mathfrak{P}_R$ 上活動的黎氏質點, 當它停在玄點 $P = A^{\varkappa} := \{A, -A\}$ 處, 它可以在凡俗的球面 $\mathbb{S}_2(\rho)$ 上的 A 與 $-A$ 處, 同時各展現出一個光點. 或者說: 這兩點 A 與 $-A$ 是同一個玄點 P 的分身[28]. 特別要注意: 在任何時刻, 你的眼睛只能看到一個光點!
【兩玄點之距離】兩個玄點 $P = A^{\varkappa} := \{A, -A\}$ 與 $Q = B^{\varkappa} = \{B, -B\}$, 它們相距多遠?
我們是就分身來度量: $\text{dist}_\rho(A, B)$, $\text{dist}_\rho(-A, -B)$; $\text{dist}_\rho(A, -B)$, $\text{dist}_\rho(-A, B)$, 四個[29]中, 取最小者; 結果, P, Q 的距離 $\text{dist}_{\varkappa}(P, Q)$ 就定義成 $\text{dist}_\rho(A, B)$ 與 $\text{dist}_\rho(A, -B)$ 兩者的極小. 但兩者的和 $=\text{dist}_\rho(B, -B) = \pi\rho$, 所以,

除非 $\text{dist}_\rho(A, B) = \text{dist}_\rho(A, -B) = \frac{\pi}{2} * \rho \equiv r_0$,

否則, 這個距離 $\text{dist}_{\varkappa}(P, Q) < r_0 \equiv$ 兩 '玄點' 距離的最大值.

【玄線】在球面 $\mathbb{S}_2(\rho)$ 的一條大圓 ℓ 上, 取定四點 $A, A_1, -A, -A_1$, 把大圓 ℓ 四等分. 現在讓動點 B 在 ℓ 上, 由點 A 出發, 向著 A_1 而運動.
那麼, 它在玄面上的投影是動 (玄) 點 $Q = B^{\varkappa} = \{B, -B\} \in \mathfrak{P}_R$; 我們追究這個動 (玄) 點 Q 與固定 玄點 $P = A^{\varkappa} = \{A, -A\}$ 的距離之變化.

當然, 一開始, Q 和 $P = A^{\varkappa} = \{A, -A\}$ 是漸行漸遠,
在 B 到達 A_1 之前, $\text{dist}_{\varkappa}(P, Q) = \text{dist}_\rho(A, B)$ 是隨時遞增;
當動點 B 到達 A_1 時, $\text{dist}_{\varkappa}(P, Q) = \text{dist}_\rho(A, A_1) = \frac{\pi}{2} * \rho$,
這是玄面上, 兩玄點距離的最大值.

當動點 B 越過 A_1, 向著 $-A$ 走, Q 和 P 是漸行漸近! 因為 $\text{dist}_{\varkappa}(P, Q) = \text{dist}_\rho(-A, B)$ 是隨時遞減. 當動點 B 到達 $-A$ 時, $Q = (-A)^{\varkappa} = P$,
因此 $\text{dist}_{\varkappa}(P, Q) = \text{dist}_\rho(-A, B) = 0$. 在玄面上, 動 (玄) 點 $Q = B^{\varkappa}$ 已經繞完一圈, 回到出發 (玄) 點 P.

這一圈是玄面上的玄線; 完整的路程是 $\pi * \rho$, 也就是玄線的長度.
注意: 在凡俗的球面 $\mathbb{S}_2(\rho)$ 上, 如果動點 B 由點 $-A$ 繼續走下去, 走完 (下) 半個大圓, (由 $-A$ 經過 $-A_1$, 回到 A,) 那麼在玄面上的動 (玄) 點 Q 就是重覆 走上述的一圈 玄線.
總之: 投影映射把點 $B \in \ell$ 映射到玄點 $B^{\kappa} \in \ell^{\kappa}$, 這是 '二對一' 的連續映射.

【玄線長】任何一玄線 $\ell^{\varkappa}$ 的長度都是 $\pi\rho$, 也就是球面 $\mathbb{S}_2(\rho)$ 的半條大圓長.
而玄線長的一半 $\frac{\pi\rho}{2}$ = 大圓四分之一週長, 即兩玄點距離的最大值.
【玄線之垂極】任取一玄線 $\ell^{\varkappa} \in \mathfrak{L}_R$, 過其上的每一玄點做 $\ell^{\varkappa}$ 的垂 '線', 則: 所有這些垂 '線', 都交於同一玄點, 這一玄點叫做此玄線 $\ell^{\varkappa}$ 的垂極 $\ell^{\perp}$. 從 $\ell^{\perp}$ 到 $\ell^{\varkappa}$ 的 '點線距', 就是 玄線之半長

$$\text{dist}(\ell^{\perp}; \ell^{\varkappa}) = \frac{\pi\rho}{2}. \tag{L.f}$$

事實上, 把球面 $\mathbb{S}_2(\rho)$ 的大圓 ℓ, 看成赤道, 那麼北極 N 與南極所成的對蹠耦, 就是 $\ell^{\varkappa}$ 的垂極 $\ell^{\perp} = N^{\varkappa} = \{N, -N\}$.

---

[28]切記: 這兩個分身的地位完全相同! 這也就是記號的困難所在: 必定有一個被取負號!
[29]四個中, 頭尾兩個相等, 中間兩個相等.

【玄線無兩側】這是最怪異之處!
在薩氏 (歐氏或者樂氏) 平面, 有直線的分隔公理: 任何一線 ℓ, 都把平面在線外的部分 $(\mathfrak{P}\setminus\ell)$ 劃分成兩個 '(自己連通) 側域', 而兩側域互相不連通: 如果兩點 P,Q, 是分別在不同側域, 那麼沒有辦法 用相銜接的測地線段自 P 連接到 Q, 而不讓這些測地線段都不交到線 ℓ.
但是在黎氏平面 $\mathfrak{P}_R$ 上, 對於任何一 '線' $\ell^{\varkappa}\in\mathfrak{L}_R$, '平面' 在此 '線' 外的部分 $(\mathfrak{P}_R\setminus\ell^{\varkappa}$ 根本就是連通的 '單獨一域': 對於其中兩點 P,Q, 都有相銜接的幾段測地線段自 P 連接到 Q.
事實上, 我們可以讓這一 '線' $\ell^{\varkappa}$ 是球面 $\mathbb{S}_2(\rho)$ 的赤道大圓 ℓ 之投影. 對 '線' 外的兩 '點' $P:=A^{\varkappa},Q:=B^{\varkappa}$, 我們可以設: 兩點 A,B 都在開 的北半球面上! 於是過兩點 A,B 的大圓劣弧段, 完全落在開 的北半球面上! 此弧段投影在玄面 $\mathfrak{P}_R$ 上, 就不會交截到 '線' $\ell^{\varkappa}$. (雖然, 此 '投影弧段' 本身, 長度有可能超過 '線' 長的一半 $\frac{\pi\rho}{2}$, 因而不能稱為單一個測地線段.)

§M 模型的意義

【誰發明非歐幾何】Saccheri 其實是非歐幾何的發明者:
《一個人發現了稀珍的寶石, 但他不相信眼睛所見, 說它是碎玻璃塊.》

這位耶穌會的和尚, 相信天主住在歐氏的世界. 因此 '雙曲平行公理' 絕對不可接受! 他在死前出了一本書
Euclides ab omni naevo vindicadus (Euclid Freed of Every Flaw).

這本書從書名來看, 就是犯了非常奇妙的 (兩個?) 錯誤.
他一生的信念是:《歐氏平行公理 不是 公理 而是定理.》
公理 是無法證明, 因而是不用證明的 命題, 定理 是可以(利用其他中立幾何學的公理來) 證明, 因而是必須證明 的命題.

- 如果他成功了, 那麼《歐氏平行公理不是獨立的公理》, 沒有把它從整套公理之中剔除掉, 《歐氏就犯了冗餘(redundant) 的瑕疵 (flaw). 》這樣, 他的書名就是個諷刺. 諷刺歐氏.

- 結果薩氏是失敗了! 他的書名就等於諷刺這些 (包含他自己在內的) 數學家.

像薩氏這樣的失敗, 可以有兩種態度來面對.
一種是「承認我失敗, 但是後人應該會成功」.
另外一種是「不是我證明不來, 而是沒有人證得出來!」
承認: 《歐氏把平行公理與其他公理並列, 是真知灼見! 》
後一種態度應該就是 Gauss 所取. 那麼必定有這樣的結論:
把薩氏公理系統加上歐氏平行公理可得到歐氏平面公理;
把薩氏公理系統加上雙曲平行公理可得到樂氏平面公理;
這兩種公理系統都同樣地 言之成理, 都是內在地融洽的 公理系統.

【模型】如何實證這樣的結論呢?
笛卡爾的模型, 就驗證了歐氏平面公理是內在地融洽的;
龐氏的圓盤模型, 就驗證了樂氏平面公理是內在地融洽的;
兩者合起來, 就驗證了:
歐氏的或雙曲的平行公理, 與中立平面的薩氏公理系統是獨立的!

其實, 黎氏平面這樣的模型也同樣地驗證了橢圓型平面公理[30]是內在地融洽的; 這樣的模型, 也驗證了: 結聯公理與其他的公理之間的獨立性.

【範準性】滿足了那套歐氏公理系統的 '平面' $\mathfrak{P}$, 必定和 Descartes 平面 $\mathfrak{P}_D$ 同構. 事實上: 在這個平面上任意選兩點 E_0, E_1, 於是在過 E_0 而與 $\overrightarrow{E_0E_1}$ 垂直的直線上, 選擇由 E_0 出發的 (一側) 半線 ray$(\overrightarrow{E_0F})$, 這樣子我們就可以確定了這個平面與 Descartes 平面 $\mathfrak{P}_D$ 之間的對應關係: 把 E_0 對應到 $\mathfrak{P}_D$ 的原點 $(0,0)$, 把 E_1 對應到 $\mathfrak{P}_D$ 的點 $(1,0)$, 把 ray$(\overrightarrow{E_0F})$ 對應到 $\mathfrak{P}_D$ 的正 y 軸; 而 '平面' $\mathfrak{P}$ 的點線結聯, 序置, 介序, 合同, 等等關係, 都順協地在 Descartes 平面 $\mathfrak{P}_D$ 上表現出來.
同樣地, 滿足了樂氏公理系統的 '平面' $\mathfrak{P}$, 必定和龐氏圓盤模型 $\mathfrak{P}_P$ 同構.
而滿足了橢圓型平面公理系統的 '平面' $\mathfrak{P}$, 必定和黎氏平面 $\mathfrak{P}_R$ 同構.

【疑問】像 Cantor 的連續統假說, 是否可能其命運類似於歐氏平行公理?

[30]雖然我們沒有明白寫出!

目　錄

I Introduction

In 1931 there appeared in a German scientific periodical a relatively short paper with the forbidding title "Uber formal unentscheidbare Sätze der Principia Mathematica und verwandter Systeme"("On formally Undecidable propositions of principia Mathematica and Related Systems"). Its author was Kurt Gödel then a young mathematician of 25 at the University of Vienna and since 1938 a permanent member of the Institute for Advanced Study at Princeton. The paper is a milestone in the history of logic and mathematics. When Harvard University awarded Gödel an honorary degree in 1952, the citation described the work as one of the most important advances in logic in modern times.

At the time of its appearance, however, neither the title of Gödel's paper nor its content was intelligible to most mathematicians. The principia Mathematica mentioned in the title is the monumental three-volume treatise by Alfred North Whitehead and Bertrand Russell on mathematical logic and the foundations of mathematics; and familiarity with that work is not a prerequisite to successful research in most branches of mathematics. Moreover, Gödel's paper deals with a set of questions that has never attracted more than a comparatively small group of students. The reasoning of the proof was so novel at the time of its publication that only those intimately conversant with the technical literature of a highly specialized field could follow the argument with ready comprehension. Nevertheless, the conclusions Gödel established are now widely recognized as being revolutionary in their broad philosophical import. It is the aim of the present essay to make the substance of Gödel's findings and the general character of his proof accessible to the nonspecialist.

Gödel's famous paper attacked a central problem in The foundations of mathematics. It will be helpful to Give a brief preliminary account of the context in Which the problem occurs. Everyone who has been exposed to elementary geometry will doubtless recall that it is taught as a deductive discipline. It is not presented as an experimental science whose theorems are to be accepted because they are in agreement with observation. This notion, that a proposition may be established as the conclusion of an explicit logical proof, goes back to the ancient Greeks, who discovered what is known as the "axiomatic method" and used it to develop geometry in a systematic fashion. The axiomatic method consists in accepting without proof certain propositions as axioms or postulates (e.g., the axiom that through two points just one straight line can be drawn), and then deriving from the axioms all other propositions of the system as theorems. The axioms constitute the "foundations" of the system; the theorems are the "superstructure," and are obtained from the axioms with the exclusive help of principles of logic.

The axiomatic development of geometry made a Powerful impression upon thinkers throughout the Ages; for the relatively small number of axioms carry The whole weight of the inexhaustibly numerous propositions derivable from them. Moreover, if in some way the truth of the axioms can be established—and, indeed, for some two thousand years most students believed without question that they are true of space—both the truth and the mutual consistency of all the theorems are automatically guaranteed. For these reasons the axiomatic form of geometry appeared to many generations of outstanding thinkers as the model of scientific knowledge at its best. It was natural to ask, therefore, whether other branches of thought besides geometry can be placed upon a secure axiomatic foundation. However, although certain parts of physics were given an axiomatic formulation in antiquity (e.g., by Archimedes), until modern times geometry was the only branch of mathematics that had what most students considered a sound axiomatic basis.

But within the past two centuries the axiomatic method has come to be exploited with increasing power and vigor. New as well as old branches of mathematics, including the familiar arithmetic of cardinal (or "whole") numbers, were supplied with what appeared to be adequate sets of axioms. A climate of opinion was thus generated in which it was tacitly assumed that each sector of mathematical thought can be supplied with a set of axioms sufficient for developing systematically the endless totality of true propositions about the given area of inquiry.

Gödel's paper showed that this assumption is untenable. He presented mathematicians with the astounding and melancholy conclusion that the axiomatic Method has certain inherent limitation, which rule out the possibility that even the ordinary arithmetic of the integers can ever be fully axiomatized. What is more, he proved that it is impossible to establish the internal logical consistency of a very large class of deductive systems---elementary arithmetic, for example—unless one adopts principles of reasoning so complex that their internal consistency is as open to doubt as that of the systems themselves. In the light of these conclusions, no final systematization of many important areas of mathematics is attainable, and no absolutely impeccable guarantee can be given that many significant branches of mathematical thought are entirely free from internal contradiction.

Gödel's findings thus undermined deeply rooted Preconceptions and demolished ancient hopes that were being freshly nourished by research on the foundations of mathematics. But his paper was not altogether negative. It introduced into the study of foundation questions a new technique of analysis comparable in its nature and fertility with the algebraic method that Rene Descartes introduced into geometry. This technique suggested and initiated new problems for logical and mathematical investigation. It provoked a reappraisal, still under way, of widely held philosophies of mathematics, and of philosophies of knowledge in general.

The details of Gödel's proofs in his epoch-making Paper are too difficult to follow without considerable mathematical training. But the basic structure of his demonstrations and the core of his conclusions can be made intelligible to readers with very limited mathematical and logical preparation. To achieve such an understanding, the reader may find useful a brief account of certain relevant developments in the history of mathematics and of modern formal logic. The next four sections of this essay are devoted to this survey.

I 序

1931 年一德文科學期刊上面，出現一篇篇幅比較短，標題冷峻的論文“Uber formal unentscheidbare Sätze der Principia Mathematica und verwandter Systeme”（數學原論以及相關系統有關的形式上不可決定的諸命題），其作者庫爾特・哥德爾是當時維也納大學一個 25 歲的年輕數學家，1938 年開始，他成為普林斯敦高等研究所一位終生研究員，這篇論文是邏輯及數學史上一個里程碑。1952 年，當哈佛大學頒給哥德爾一個榮譽學位時，給他的頌詞上面，把他的成果表述為當代邏輯上最重大的進展之一。

然而，這篇論文出版的當時，無論是它的標題或者是它的內容，都不是大多數的數學家所能理解，標題裡面所提到的*數學原論 Principia Mathematica* 是懷海德和羅素所合著有關邏輯和數學基礎的三巨冊紀念碑式不朽巨著，是否通曉這部巨著不是多數數學分枝研究成功的必要條件。更且哥德爾論文所處理的一組問題從來沒有吸引很多人的注意，僅只限於比較起來算是小小的一個群組的人們的注意而已，就該論文出版的當時而言，其證明的推演是如此的新穎，以至於只有那些精通一種高度專門領域的專技文獻的人士才能夠以一種相當具備的理解能力來領會其論證。無論如何，哥德爾所建立起來的諸結論，如今已經廣泛地被認定為在它們寬廣的哲學意義上是革命性的，眼前這篇論文的目的在於把哥德爾的發現的要旨以及他的證明的大致的特性加以闡述，方便非專業人士得以接近與瞭解。

哥德爾著名的論文專攻數學基礎裡面一個核心的難題，對於問題發生的來龍去脈先作一個簡要初步的說明是有所助益的，每一個曾經接觸過初等幾何學的人無疑地將回想起，這學科是被作為一種*演繹*的學科被傳授，它不是以一種實驗科學來呈現，實驗科學的定理是由於和觀察結果一致而被接受，因而與此不同。一個命題可以作為明明確確邏輯證明的結論而被建立的這種想法可以回溯到古希臘人，他們發現一般所知的“公設法”，同時加以運用來以一種系統方式來發展幾何學。公設法在於*不經*證明就接受某些特定的命題作為公設或假定（例如經過兩個定點只能作出一直線的此一公設），然後從這些公設中推導出這系統中所有的命題作為定理。這諸公設構成了這系統的基礎，諸定理是為“上層結構”，定理是獨一無二經由邏輯原理之助從諸公設而獲得。

幾何學公設化的發展給予遍及各時代的思想家們造成強而有力的印象；因為比較起來為數算小的諸公設，肩挑其數無盡從諸公設自己本身所推衍出來的眾多的命題。此外，如果經由某些方式，諸公設的眞實性能夠被建立起來——而且，的確，大約兩千年的時間，大多數的學者毫不質疑地相信這些公設在空間上為眞——所有定理的眞實性以及彼此相互一致性兩者都獲得保證。基於如此的理由，幾何公設化形式對於許多世代以降的許多思想家，顯得像是科學知識的極致楷模，因此，自然而然有此一問：除了幾何學之外，是否有別的思想分枝可以被安置在一個確定無疑的公設基礎上。儘管在古代物理學的某些部份被給以公設的公式化制定（例如阿基米德所爲），然而一直到現代，幾何學仍然是唯一被大多數學者視之爲一種健全公設化基礎的數學分支。

但是，在過去兩個世紀裡面，公設化方法被人們以越來越多的動力和活力加以開拓，新與舊的數學分枝，包括世所週知的基（或“正整”）數*被提供給予看起來似乎適當足夠的公設組，一種心照不宣的假設，認爲每一數學思想的部門都可以被給予一組的公設，足以用以系統地發展出其數無盡的關於這給定探索領域的眞實命題。如此思惟見解的氣氛就衍生起來。

哥德爾的論文指出如此的假設是站不住腳的，他爲數學家們提出一個令人震驚與令人沮喪的結論，那就是公設化的方法具有某些特定內在固有的限制。這種限制甚至於將非負整數能夠被完全公設化的這種可能性加以排除，此外，他

---

* 回溯到古希臘，數論是對於自然數 0、1、2、3……有時也被稱之爲“基數”或“非負整數”的性質的研究。其性質包括：一數具有多少個因子，一數可以被幾種不同的方式表爲諸較小數的和。是否有具有某特定性質的一個最大的數，是否某特定方程式具有整數解等等。儘管數論是無比的豐富又充滿驚喜，但它的語彙卻很少——僅僅一打的字母符號系統就足以容許任何數論陳述語句被表述出來。（雖然常常難免於繁瑣）

  在此書中，我們將偶爾使用“算術”這語詞作爲“數論”的同義字。但是，當然，這語詞所蘊含的是爲自然數的性質，其完全而豐富的領域而不僅僅限於小學所教的加、減、乘、和長除法這些技術性的部分，以及收銀機和加法機器的機械化。（新版編者註）

又證明演繹系統的很大類族。以數論作為一個實例——其內在邏輯一致性是不可能被確立起來的，除非一個人採用一些如此複雜的推論原理，以致於它們推論原理本身內在一致性如同那系統自己本身一樣同樣遭受公然質疑，鑑於如此的結論，數學很多重要的領域沒有任何最終決定性的公設形式是可以達成的，同時也就沒有辦法提出任何絕對無懈可擊的保證來保證說很多數學思想的重要分支可以完全免於內在的矛盾。

哥德爾的發現就如此瓦解了許多根深柢固先入為主的見解，原先經由數學基礎研究還正興致勃勃努力培育的一些古老希望也一併被拆毀，可是他的論文並不全然負面的，它為基礎問題的研究引進了一種新的分析技術。這種技術就其本質以及其思想上的豐富性，可以拿來和笛卡爾所引入幾何學的代數方法相提並論，此一技術為邏輯與數學上的探討倡議始創了一些新的棘手的問題，誘發了對於以往廣泛持有的數學以及一般知識的哲學觀點的更新評價，此種評價仍在進行中。

在他創新紀元的論文裡面，哥德爾的證明其細節，沒有相當數學上的訓練的話是太過於困難而無法領會，但是他的論證的基本結構，以及他的結論的核心，是可以被加以說明到，使那些具有非常有限的數學以及邏輯能力的人士能夠明瞭。為了獲得如此的瞭解，讀者可能發現，對於數學以及現代形式邏輯史裡面，某些相關的發展的一個簡要的說明是有所助益的。本論文以下四個章節專注於如此的概括論述，全面考察。

II

一致性的問題

十九世紀見證了數學研究上巨大的擴展與增強，很多領受早先思想家最大努力的基本重要難題被解決了，新的數學研究的領域產生了，許多學科的分科被安置以新的基礎；或者舊的學科的分科，藉由更加精確的分析技術，徹底地加以重鑄更動。且以實例說，希臘人曾提出初等幾何裡面三個難題：用圓規和直尺三等分任何角，作一立方體使其體積爲一已知立方體的兩倍，還有作一正方形其面積和一已知的圓相等。超過兩千年的時間裡，設法解決這些難題的企圖都沒有成功。到了十九世紀，人們終於證明所渴望的這幾題作圖，都是邏輯上的不可能，此外，這些作圖的研究探討功夫有了它具有價值的副產品，因爲這些作圖問題的解決方式，本質上依賴於對於和那些古老作圖題組關連一起的，某些方程式的根的種類的判別來決定。因此對於作圖問題的探究功夫，刺激了對於數的性質以及數連續統的結構的深入探討。負數、複數和無理數終於被賦予嚴格的定義：爲實數系建構起邏輯的基礎，同時一個新的數學分枝，無限數的理論被建立了起來。

可是，對於隨後數學史上長遠影響的最爲重大意義的發展，或許在於對於希臘人所舉出而仍無解答的另外的難題。歐幾里得用之於系統化幾何裡面，其中的公設之一和平行線有關。他所採用的公設是邏輯上等效於（雖然不是完全同一）過一固定直線外一固定點，只能作出一直線，平行於該直線的此一假設。基於各種理由，此一公設對那些古時候的人並不顯得“不證自明”，他們因此尋求從別的歐氏幾何公設中將它演繹推導出來，其他的歐氏公設被他們視爲透澈無疑地不證自明。（譯者註：歐幾里得的《幾何原本》裡面首先用到假設和公理之分，本書僅用“axiom”一詞，譯爲“公設”）[①]

對於平行公設的如此方式的證明能成功嗎？一代傳一代的數學家爲這問題奮鬥，然而毫無作用。但是一再的失敗無法建構出一個證明，並不意指再也沒有辦法發現出任何一個證明，就如一再失敗無法找到一個治療普通感冒的方法，並不表示人類將永遠忍受流鼻水的鏡頭。一直到了十九世紀，主要經由高斯、波爾葉、羅柏切夫斯基以及黎曼的工作成果，導致於從其他公設演繹推導出平行公設的*不可能性*被證明出來。如此的結果具有智力上最大的重要性。首先它以予人深刻印象的方式喚起對於此事實的注意，即在於給定的系統裡面某些特此的命題，其*證明的不可能性*是能夠被做出來的，如同我們即將看到的，哥德爾的論文就是對於數論裡面某些重要命題證明的不可能性的一種證明。其次，既然藉

---

① 所謂的不夠不證自明，其主要的理由向來在於平行公設對空間*無限遠處*區域作出了斷言，歐幾里得把平行線定義爲一平面上的直線“兩方向無限延長”永不相交，於是說兩線平行就等於斷言這兩直線即使在“無限遠處”也將不相交。但是古人已經熟知一些直線，儘管它們在平面上任何有限區域不相交，卻確實相交於“無限遠處”。如此的直線被稱之爲“漸進線”，因此，一雙曲線就漸近於它的兩個軸。因此對那些古代幾何學家來講，在一定直線外的一個點，只能作一直線和這給定的直線即使在無限遠處也不相交的此一想法，並不直覺上明明白白的。

由運用一些和歐幾里得所採用的，不相同而且矛盾不相容的公設可以建構一些新的幾何系統。平行公設問題的解決因而迫使人認識到，歐幾里得在幾何學的學科上並非終極的天書。特別是當我們要嘛用過一定直線外一定點可以作一條以上直線平行於該定直線如此的假設，要不就用過一定直線外一定點無法作出任何直線平行於該定直線如此的假設，來取代歐幾里得的平行公設。如眾所皆知，其結果將獲致重大趣味與關注的豐碩成果。傳統的幾何公設（或就此而言的任何學科的公設）可以經由顯而易見、不證自明的方式加以建立的如此傳統想法，因此徹底被瓦解。尤有進者，人們逐漸明瞭，純粹的數學家眞正的工作，乃在於*從設定的假設中演繹推衍出諸定理*。更且，對於所採用的諸公設是否竟然眞實的判定，則與作爲一個數學家的工作無涉。同時對於正統幾何學，這些成功的轉變爲很多其他數學的系統促成公設基礎的修訂和完成，各探討領域終於被提供給予了公設化的基礎，而該領域迄今爲止，向來在一種多多少少直覺的方式被耕耘培育著。（參閱附錄 1）

從這些數學基礎的關鍵重要的研究中，所浮現出來的全面性的結論，在於把數學視爲“量的科學”的此一古老的思想是不適當而且誤導人的。因爲事實已經變得明顯，數學純然在於將任何給定的公設或假設所邏輯地蘊涵的結論引出來的一種*出類拔萃的學科*。事實上，一般逐漸認知到，數學推論的有效性、正當性並無任何意味依據於任何可能關聯到包含在假設之中表述的術語的意義而定。數學因此被認定爲遠遠更爲抽象與形式的。更抽象是因爲數學的陳述原則上能夠被解釋為、理解為不管什麼東西的任何事物，而不是有關固有限定一套的物體或物體性質。由於數學上的論證，其正當有效性乃建基於陳述語句的結構，而不在於各個別論題主題的性質，因此就更為形式化了。任何論證式的數學分科，其假設都不是天性固有的，關涉到空間、量、蘋果、角或者預算等等。而且，任何可能被聯想關連到假設裡面的術語語詞（或描述性的述詞）的特殊的意義，在演繹推衍諸定理的過程中並不起必要的作用。我們再度指出，純數學的數學家（以別於那些運用數學探究具體特殊論題主題的科學家）所面對的問題，不在於他所設定的假設，或則他從這些假設中所演繹推導出來的結論是否眞實，而是在於這所謂的結論，是否實際上確實是為始初假設的必然*邏輯的結果*。

舉個實例，極具重要影響力的德國數學家大衛．希爾柏特，在他那著名的幾何學公設化（1899 年第一次出版）中所使用的未定義（或“初基”）的術語如下：‘點’、‘線’、‘在之上’以及‘在之間’。我們或許可以同意，和這些表式所關連的一般慣常意義，在發現以及認識定理上會起它的作用。既然這些意義為我們所熟悉，我們因而了解它們各種的相互關係，它們因而激發我們對於諸公設的公式化制定與選擇，它們暗示啓發聯想；幫助我們公式化制定我們所希望建立為定理的表述。而且，如同希爾柏所直截了當指出的，一旦我們涉足到探討諸陳述語句之間其純粹邏輯相依關係的基本數學工作時，熟悉的始初術語的意含要被忽視不顧，唯一被用來和它們（始初術語）連結的唯一的意義就是那些由公設所指定給予它們，讓它們進入公設之中的。[②]這也就是羅素那著名的智慧雋語的論點所在；“純數學之為學科，我們在其中不知道所談論的是什麼，或則我們正在言說的是否眞實。”

一個嚴格抽象、沒有任何熟悉地標的土地，必定不容易進去到處走動，但是它卻以新的活動自由，以及清新景觀的方式提供了補償。數學形式化 formalization 的增強把人們的頭腦從加諸於新穎假設 postulates 系統的建構上面的，對於表式的慣常的解釋的限制中解放出來。新種類的代數和幾何被發展出來。它們標明了和傳統數學重大的背離。由於某些術詞的意義變得更加普遍，它們的使用變得更寬廣，而且能夠從中推衍出來的結論更少受限制，形式化導致具有可觀的數學上的趣味以及價值、以及其系統巨大的多樣性。必須承認的是，這些系統裡面有一些並不被理解成如同歐氏幾何或算術被理解的那樣明顯地直覺（亦即基本常識性的）。然而如此的事實並不引起憂心。直覺一方面是一種彈性適應能力，我們的小孩子們或許可能毫無困難地同樣直覺上明顯地來接受相對論的悖論 paradox，如同我們對一些觀念毫不驚奇，這些觀念在兩世代之前勢必被認為完全非直覺的。更且，就如我們都知道的，直覺並不是一種安全的嚮導，它不能正當地，理所當然的被用作為科學探討上眞實與否或豐碩

② 用更為專技的語言來說，始基的術語是為公設所隱含地定義，同時任何不被這隱含定義所包含的，就與定理的論證不相關。

與否的判準。

無論如何，數學抽象性的增進引發了一個更爲嚴肅重要的問題，它啓動此一問題：作爲一個系統的基礎的給定的一假設組是否內在地一致，因而沒有任何相互矛盾的定理能夠被人從諸假設中演繹推導出來。當一組的公設被視爲是有關於一個明確而且熟悉的物體對象的領域時，這問題似乎並不迫切，因爲如此一來，接下來的是，這些公設是否的確對這些物體對象爲眞的此一問題不僅值得追問，更且有可能加以弄清楚與確定。由於歐幾里得公設一般被假設爲對於空間（或空間裡面的物體對象）是爲眞實陳述，在十九世紀之前沒有任何數學家曾細想過此一問題：是否有一天，一雙彼此相矛盾的定理可能被人從諸公設裡面演繹出來。對於歐氏幾何一致性所持的信心，其基礎在於邏輯上不相容的陳述不能夠同時爲眞的此一堅固信條原理原則。因此，假如一組陳述語句爲眞（而歐幾里得公設組就是被如此假設）則這些陳述語句即爲相互一致。

非歐幾何是明確在一不同範疇類型裡面，它們的公設一起頭就被明白地視之爲空間上爲假，同時就此而論，未必有任何事物於此爲眞。因此建立非歐幾何內部一致性的此一重大問題，就被認識爲既艱困而又關鍵重要。舉例而言，在橢圓式 elliptic 幾何裡面，歐幾里得的平行公設是由經過一直線外一點，*無法做出*任何與該直線平行的直線的此一假設所取代。現在設想如此一問題；橢圓式的假設組一致嗎？這假設顯而易見就普通經驗上於空間非爲眞，既然如此，其一致性又何以見得？我們要如何證明它們將不會導致互相矛盾的定理？顯然的，這問題並不因爲所已經演繹出來的定理沒有彼此相互矛盾的此一事實而得到解決。因爲就在下一個被演繹推演出來的定理將傾覆整個蘋果車的可能性仍然存在。然而，在問題被解決之前，我們無法確定橢圓式幾何是歐幾里得系統的一個眞確交迭系統，也就是數學上同等確鑿的。因此，恰恰這非歐幾何的可能性，就是如是有賴於此一問題之若何解決而定。

用來解決這問題的一個普遍性的方法被設想出來，其依據的基礎觀念就是在於爲那系統的抽象假設找到一個“模型”（或解釋）以便將每一假設轉變成爲有關於這模型的陳述。在歐氏幾何這個實例裡面，如同我們所已經注意到的，其模型就是平常的空間，我們這方法是用來找尋其他的模型，其成員元素能夠爲判定抽象假設的一致性提供支撐物，步驟大致如下：

且讓我們把“類”了解爲一些可分辨區別成員元素的一批物品或“*聚集*”，其中的每一個被稱之爲這個類的成員。由此，小於10的質數的類，就是其成員（member）元素2、3、5和7所成的集合。假設下述關於類K和L的假設的集合，其特殊的性質留著未定出來，除了只有作爲下列假設所“隱涵”的定義：

1. 任何兩個K的成員（元素）被包含在僅僅一個L的成員（元素）裡面。

2. 沒有任何一個K的成員（元素）被包含在多於兩個L的成員（元素）裡面。

3. K的成員（元素）不全都包含在單一的L的成員（元

素）裡面。

4. 任何兩個 L 的成員（元素）包含僅一個 K 的成員（元素）。

5. 沒有任何 L 的成員（元素）包含多於兩個 K 的成員（元素）。

從這個小小的集合，藉著運用慣常的推論規則，我們可以推衍出幾個定理，例如，我們可以證明 K 包含恰恰正好 3 個元素，可是這集合是否一致，以至於永不可能從它推衍出彼此相互矛盾的定理？藉助於下述模型，這問題可以很快地獲得答案。

設 K 爲構成一個三角形三頂點的點所成的集合，同時 L 爲構成其邊的線段所成的集合，同時讓我們瞭解‘一個 K 的元素被包含在一個 L 的元素裡面’此一片語意指一頂點上的點在一邊的直線上。五個抽象假設於是被轉入爲眞確的陳述。舉個例子：第一個假設斷言任何作爲三角形頂點的兩個點，位在僅僅作爲邊的一條直線上面（見圖 1）。用這種方法，那假設的集合被證明爲一致。

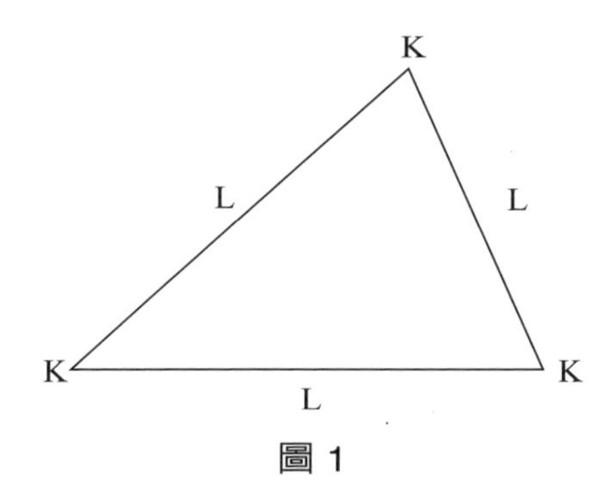

圖 1

作爲關於類 K 和類 L 的一個假設組的模型的是一個三角形，其頂點是爲 K 的成員，其邊是爲 L 的成員，這幾何化的模型證明了那假設是一致性的。

平面橢圓幾何的一致性，也能夠藉由具體化體現假設的一個模型，被外顯明顯地建立起來，我們可以把橢圓幾何公設裡面的“平面”的表式詮釋理解爲表示歐幾里得的球面。“點”的表式爲一個在此球面上的點，表式“直線”爲這球面上一個大圓的一段的弧等等，每一橢圓幾何假設於是被轉入歐幾里得的一個定理。舉個例子，在如此詮釋下，橢圓平行假設寫成：通過球面上一個點，無法作出任何大圓上的一段弧，平行於另一大圓上面一給定的弧。（見圖 2）

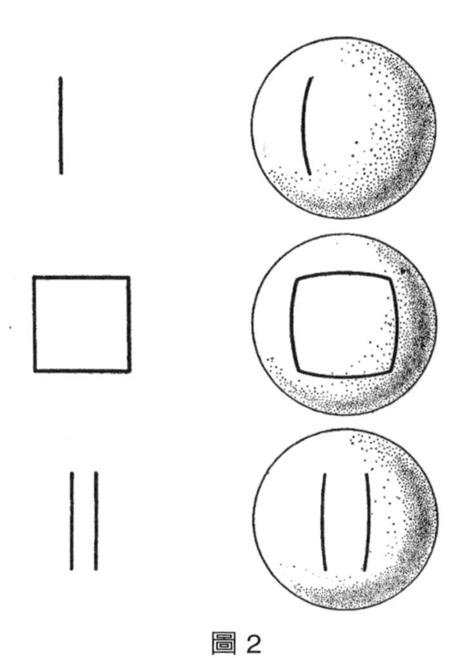

圖 2

橢圓式非歐幾何，可以被一個歐幾里得模型加以描繪表徵，橢圓式平面變成歐幾里得球面，橢圓式平面上的點變成球面上的對映體對點，平面上的直線變成大圓。於此，諸直線段所圍起來的黎曼平面的一個部份，被描繪成被諸大圓的部份所圍成的球面的一個部份（圖中）；橢圓式平面裡面的兩線段是爲歐幾里得球面上諸大圓的兩線段（圖下），而且這些線段如果加以延伸，的確相交，因而抵觸平行公設。

乍看之下，橢圓式幾何一致性的如此的證明似乎已成決定性了。但是，仔細加以留意卻令人感到不安，因爲眼尖的人將辨識出來，這問題依然還沒被解決；它僅只過被轉移到另一區域而已。如此的證明企圖藉著訴諸於歐幾里得幾何的一致性來確定黎曼幾何的一致性，由此所浮現出來的唯有：假如歐幾里得幾何是一致的，則橢圓式幾何就一致的，歐幾里得的權威於是被援引來證明一系統的一致性，而被證明的這系統正是挑戰歐幾里得唯一獨占的有效正確性的。無可迴避的問題是，歐幾里得系統的公設其本身一致嗎？

就如我們已經注意到的，被久遠傳統所神聖化的，對於此一問題的回答是：歐幾里得是眞實的，因此是一致的此一答案再也不被認爲可以接受了。我們馬上就要回到這問題上來，同時解釋爲什麼它無法令人滿意。另一個答案是，諸公設和我們那雖局限的但卻是實際現實的空間的經驗一致，也因此我們有正當理由從小範圍外推到普遍整體。可是儘管很多的歸納證據能夠被引用來支持此一斷言，我們最佳的證明將是邏輯上不完整的。因爲即使所有的觀察事實和諸公設一致，此種可能性仍然是開放著的，即一種到目前爲止尚未觀察發現到的事實或許可能抵觸它們，因而摧毀了它們普遍全體性的資格稱號。歸納考量所能證明的，無過於說諸公設是看起來有道理，或者，或許很可能是眞的，如此而已。

然而，希爾柏嘗試另一途徑來登頂。他使用的方法的線索就藏在笛卡爾坐標幾何裡面。在他的詮釋下，歐幾里得的公設被單純地轉變成爲代數的眞實。舉個例子，作爲平面幾何的諸公設，把‘點’的表式解釋爲用以表一對的數。表式‘直線’用以表由一次方兩未知數的方程式（即二元一次方程式）所表的兩數之間的（線性）關係。‘圓’，此表式爲某型式二次方程式所表的各數之間的關係等等。幾何上兩不同特定點唯一決定一直線的陳述於是被轉入代數眞實表述說，不同特定兩對的數唯一決定一線性關係；幾何上的定理說，一直線和一圓相交於最多兩個點，轉入代數定理爲：一對具有兩個未知數的聯立方程式中〔其一爲一次方程式（線性的），另一爲某特定類型的二次方程式〕決定最多兩對的實數等等。簡而言之，歐幾里得幾何假設的一致性是經由展示它們爲一個代數模型所滿足（符合）。此一建立一致性的方法是具有強力影響力與實效性的。然而對於已經提出在先的異議而言，它一樣顯得脆弱難守。因爲，再一次，一個地域裡面的問題，藉著轉入另一個地域的方式來加以解決。希爾柏爲他的幾何假設的一致性所作的論證指出，假如代數爲一致，則他的幾何系統也就一致，此種證明明顯關連到另一系統假設在先的一致性，因此也就不是“絕對的”證明。

在各種各樣解決一致性問題的嘗試中，始終持續存在著一個困難的源泉，此源泉在於此一事實；即用以詮釋諸公設的模型，是由一個其數無限的成員元素所構成，此一事實使得，有限次數的觀察不可能涵蓋包涵那模型，因此這諸公設本身難逃質疑。爲歐幾里得眞實性所作的歸納論證中，確定數量的對於空間的觀察事實想必和諸公設一致，但是論證所尋求建立的結論，關涉到從有限的數據資料的集合，到無限數據資料的集合的外延。我們要如何辯解如此跳越的合法性？另一方面，如能設計出一個妥適的模型，使其僅只包含有限數量的成員元素，則如此的難題即使不能完全消除，至少可以被減到最小，用來顯示證明關於類 K 和類 L 的五個抽象假設的三角形模型是有限的，而且僅只以實際檢驗的方法來確定，是否模型裡面所有的成員元素，實際上符合那假設，以及由此它們是否眞實（同時，因此一致）。

例釋說明如下，經由輪流檢視所有模型三角形的頂點，我們可以得知是否它們之中任何兩者座落在正好一個邊上面——以至於第一個假設被確立爲眞實假設。既然所有的模型的成員元素以及它們之間相關連的關係，是開放供直接以及徹底窮盡全面的檢驗，而且，既然檢驗它們的過程中發生錯誤的可能是實際上不存在，則在此事例中，假設的一致性就沒有眞正被質疑的問題。

可惜，構成重要數學分科基礎的大多數的假設系統，無法被映入有限的模型之內。想想看初等算術裡面的假設，它斷言每一整數有一異於所有之前整數的緊接的後繼者（後繼元素）。很明顯地，需要用來檢視假設所屬的公設組（任一組含有此一假設的公設）的模型不可能是有限的，而是必須包含有無窮多的成員元素。結果是這公設組的眞實性（同時也就其一致性），無法經由一個有限成員元素數量的徹底窮盡檢驗被加以建立。顯然的，我們已經遭遇到一個僵局，有限的模型原則上足以建立某些假設組的一致性，但這僅只具有微小的數學上的重要性，需要用來解釋大多數具有數學上重大意義的假設系統的非有限模型，只能以一般語詞加以描繪，同時我們不能夠理所當然地結論說，我們如此的描述可以免於隱藏的矛盾。

在這論點上，一種誘人的聯想是，假如所運用的基本概念都是一目了然透明地"清楚"、"確實無誤"的話，則我們能夠確信，用非有限模型描繪詮釋出來的公式化制定說明的一致性。（譯者註：我們可確信那公式化制定說明的一致性，而該公式化制定說明的一致性，是由非有限模型的描繪對它所詮釋出來的。）但是，思想史上從來未曾好好地處理過那"清楚"與"確實無誤"觀念的原理，或者隱含暗示聯想裡面的直覺的知識的原理。在某些數學研究的領域，其有關無限集合的假設擔當了主要的作用，儘管關涉在假設之中的概念直覺上清晰，以及儘管智力建構的運作似乎具有一致的特性，但是徹底根本的矛盾仍然曾經出現，如此的矛盾（專技上稱之爲"二律背反"）曾經顯現於 19 世紀喬治·康托所發展出來的無限數的理論之中。同時，這些矛盾的發生使得事情變得清楚明白，也就是一目瞭然透明清澈，即使諸如*類**（或*集合*）如此基礎的概念，並不保障任何建立在其上面的特定系統的一致性。既然數學上處理成員元素的集合或聚集的性質與關係的類的理論，常常被用作為其他分科的基礎，而且特別是用之於數論，類似於那些無限的集合的理論裡面所遭遇到的矛盾，是否感染到數學其他部份的公式化制定，此問題的提出是非常適切的。

就事實而言，勃特里安・羅素在初等邏輯本身的架構裡面建構出一件矛盾的事實，它正好類似於首先由康托的無限類的理論所展露出來的矛盾，羅素的悖論可以被陳述如下：類似乎分為兩種：那些不包含自己本身作為成員的，以及那些包含自己本身為成員的；一個類將慣於被稱之為"正規的"，若且唯若它不包含本身作為成員，否則它將慣於被稱之為"非正規的"。正規類的一個例子，如數學家所成的類，因為顯然地這個類本身並不是一個數學家，因此它不是自己本身的一個成員，非正規類的一個例子如：所有想像出來的事物；因為所有想像出來的事物，其本身也是可想像得到的，也因此是它本身的成員之一。

設'N'經由定義代表*所有*正規類，我們問起 N 自己本身是否一個正規類，假如 N 是正規的，則它是自己本身的

---

* 在這書中我們使用語詞"類"（class）來意指那當今大多數人傾向於稱為"集合"（set）的。然而，在懷海德和羅素開展*數學原論*以及哥德爾從事他重大發現的當時的十年間，比較共同常見的語詞是為"類"（class）。因此，既然該字比之更為反映我們正在書寫的時代，我們將使用它。（新版編者註）

一個成員（因爲依定義N包含所有的正規類）；但是，既然如此，N是非正規的，因爲依定義一個包含自己本身作爲自己的成員的類是非正規的。一方面，假如N爲非正規，那它就是自己本身的一個成員（依"非正規"的定義），但是，既然如此，N是爲正規的，因爲依定義N的成員是正規類，簡而言之，N爲正規，若且唯若N爲非正規，於是，'N爲正規的'，此一陳述語句是既眞又假，此一致命的矛盾來自於對於顯然清澈透明的"類"的概念不加鑑識的使用的結果，後來其他的悖論又被發現，它們每一個都是由一般熟悉的、表面上看起來令人信服的推理模式所建構出來的。數學家開始覺察到，解釋開展一致性系統時，熟悉和直覺上的清澈是毫不足以依靠的。

我們已經看出一致性問題的重要性，同時使自己瞭解藉助於模型來解決它的正統標準方法，事實已顯示，在大多數的實例裡面，問題需要非有限模型的運用，然而對這非有限模型加以描繪的本身可能隱藏著不一致性，我們必須結論說，雖然模型方法爲一無價的數學工具，但它並不爲它所打算要解決的問題提供一最終確定性的答案。

Ⅲ

一致性的絕對證明

運用模型來證明一致性的方法，其內在固有的局限性，以及很多數學系統的標準公式化制定，全都窩藏著內在的矛盾此一事實的日漸被瞭解，導致於對這問題的開始著手處理，一種和一致性的證明有關的替代物，被希爾柏提出來了，他試圖建構“絕對”的證明，藉由如此的證明，系統的一致性可以被證明，無需假設某些其他系統的一致性，我們必須簡單地解釋此一門徑作為了解哥德爾的成就的進一步準備。

如希爾柏他所構想的課題；一絕對性的證明，其第一步驟在於把一個演繹系統*完全形式化*，這關涉到把出現在系統裡面的表式的所有意義抽乾，把它們視之為只是空洞的符號，這些符號要如何被組合以及被操弄，乃經由一套精確陳述的規則之中所闡明，如此的步驟，用意在於建構一符號系統（稱為“演算法”），如此的系統沒有隱藏任何東西，它裡面所有的唯有我們所明確放進去的，完全形式化系統是一種*無意義*的符號“串”（或有限長度序列），它是依據那用來將系統的基本符號組合成為較大整體的諸規則所建構出來。此外，當一系統已被完全形式化，從假設到定理的推衍，無非只是一套如此的幾“串”轉變（依照規則）成為另外一套的幾“串”，用這種方法，使用到任何未公開的推論原理的危險性就被去除了。形式化是一種困難而機智的工作，但是它提供一種有價值的效用，它將結構和機能原原本本毫無覆蓋清澈裸露呈現，如同一去掉外殼的機器其運作模型剖面透視一樣，一旦一系統被形式化，其數學命題之間的邏輯關係，就被一覽無遺地暴露在眼前，人們就能夠看到各種無意義符號串的圖案，它們如何串聯在一起，它們如何被組合起來，它們如何彼此套 在一起等等。

一頁佈滿了如此一形式化數學“無意義”符號的書頁並不“*斷言*”任何事情——它僅僅只是一抽象設計，或一種具有確定結構*的馬賽克圖案畫。然而，我們能夠明確地描述如此系統的結構形狀，也能夠對於有關諸結構形狀和它們之間各種關係作出陳述，我們可能會說一串是漂亮的，或說它類似另外一串或說一“串”看起來由其他三個串所組成，如

---

* 對於此一形式演算的更加精確的說法是：其符號或許可能看起來*好像*具有意義（而且它的規則可能徹底操控了它的符號到了如此的地步，以至於帶有人們所欲求的意義的這些符號確切地*表現*出他們被預期將會表現出來的那樣子），但它們的作用性能並非來自於它們的意義的*結果*；的確，情況正好與此相反。就形式符號顯得有意義的程度而言，其如此的表象完全從其作用性能移轉過來的，而這些作用性能接著又完全爲這系統的規則和始初公式（公設）所決定。因此，只要我們記住：任何如此的意義是*被動*的而不是*主動*的，則把“無意義的符號串”視爲具有一種意義性質的型態並不完全不正當或不合理了。且用隱喻來解釋這想法；符號串以及它們的組成符號完全不在乎任何人可能希望硬塞給它們的任何想像出來的意義——他們所在乎的唯有那些規則是如何巧妙地運作它們。

給一類比說明：你或可給你的車子一寵物的名字，甚至於把它當作一活物，但是車子功能一樣不變。無論有或沒有這寵物名字以及那憑空想像的“靈魂”。所在乎的唯有那讓它運轉的機械裝置，名稱和心如靈魂對機械毫無影響，儘管它們使得你更易於理解與認同你的車子。愛車如此，形式演算也是如此。（新版譯者註）

此的陳述是明顯有意義的，而且可以表達有關形式系統的重要資訊。然而，現在我們應該已經觀察到，*關於*無意義（或形式化了的）數學系統的有意義的陳述，其本身明顯地不屬於該系統，它們屬於希爾柏所稱的“後設數學”meta-mathematics，語言上，它的意思是“*關於*”數學。後設數學的陳述是有關於出現在形式化數學系統（亦即演算法）裡面的符號——關於如此的符號當它們被組合形成較長的，稱之爲“公式”的符號的符號串時，如此的符號其種類以及編排或則關於諸公式之間的關係，而這公式可能是經由一系列操弄規則的結果所獲致的，那些操弄的規則是爲這公式形變演算所明確詳述訂定了的。

另舉一些例子，有助於了解希爾柏對於數學（亦即一無意義符號串的系統）和後設數學（關於數學的有意義的陳述，包括出現在演算式中的符號，它們的編排以及關係）。

想想下面這表式：

$$2 + 3 = 5$$

此一表式屬於數學（算術），同時它是完全由初等算術符號所構成。另一方面，下面“*陳述語句*”

‘2 + 3 = 5’是一算術公式

斷言有關展列出來表式的某些事，這陳述語句並不表述一算術事實，因此不屬於算術的形式語言；它隸屬於後設數學，因爲它把某一算術符號串描繪爲一公式，下列陳述屬於數學。

假如符號‘＝’，要被使用於算術公式裡面，則此符號左、右兩側必須放置以數字表式。

此一陳述語句，爲算術公式裡面使用某一特定算術符號制定了一必要條件：一算術公式必須具有的結構，假如它是要來體現該符號的話。

考慮接下來三個公式：

$$x = x$$

$$0 = 0$$

$$0 \neq 0$$

上面三式每一式都屬於數學，因爲每一個全都完全由數學符號所建立。但是下列陳述

‘x’爲一變元（或譯爲變數）

乃屬於後設數學，因爲它把某特定算術符號描述成屬於一特定符號的類（亦即屬諸變元的類）。再者，以下陳述語句屬於後設數學：

公式‘0 = 0’可以經由用數字‘0’取代變元‘x’從公式‘x = x’推導出來。

它明確規定何種方式下一算術公式可以從另一公式中得出，以及從而描述出這兩公式是如何相互關連。類似地，陳述語句：

‘0 ≠ 0’不是形式系統 X 的一定理

屬於後設數學，因爲它說到某特定公式，它無法從所提及的特定的形式演算的公設中推導出來，從而斷言說，所指系統中的諸公式之間並不成立某特定關係，最後接下來的陳述屬於後設數學：

形式系統 X 是一致的

（亦即，不可能從系統 X 的諸公設中推導出兩形式上相互矛盾的公式——例如公式‘0 = 0’和‘0 ≠ 0’），這顯然毫無疑問是關於形式演算的，而且斷言說某一特定種類的成對的公式其與構成該演算的公設之諸公式之間並不處於某特定的關係。③

---

③ 值得注意的是，呈現在正文裡面的後設數學陳述語句，並不含有那些出現在例子裡面的*數學符號和公式*，作爲他們本身構成成分的部份，乍看之下，如此的說法似乎明顯顯得不眞實，因爲那些符號和公式是明明看得到的，但是，假如我們以分析的眼光加以檢視這陳述語句，將可看出這觀點是可以被妥適接受的。後設數學上的陳述語句包含算術表式的名稱而不是算術表式的本身，其區別是精微的卻又眞確合理而且重要的。之所以如此是由於英語文法規則要求說，沒有任何語句眞正控制包含該語句裡面的詞句所可能說到的事物對象，而是其所控制包含的唯有這些事物對象的*名稱*，顯然地，當我們說到有關一都市，我們並不把這都市放進一個語句裡面，而是僅只這都市的名稱；同樣的，假如我們想要說到有關一個字（或其他語言符號）能夠出現在這語句裡面的不是這字（或符號）本身，而是僅只爲這字（或符號）所起的一個名字而已，依據標準常規約定，我們爲一語文表式建立一個名字的方式是在它的周遭加上單引號括號。

本文就遵守此一約定。

下述寫的是正確的：

Chicago 是一個人口稠密的都市。

但是下述的寫法是不正確的：

Chicago 是三個音節所構成。

要表述最後這個句子所想要表示的意思，我們必須寫成：

‘Chicago’是三個音節構成。

同樣地，下述寫法是不正確的：

x = 5 是一個方程式。

我們反而加以公式化制定表述我們的意思

‘x = 5’是一個方程式。

或許讀者會發現“後設數學”一詞迂迴沉悶而且概念令人困惑，我們不爭論字的美麗與否，可是，只要我們指出，它是被用之於和一眾所周知的區別此一特殊事例有關，也就是正被研究的題材內容，和關於對於這題材內容的談論，這兩者之間的區別，則後設數學此一概念就不再困惑人了。

‘在𪄔䴒鷉裡面，公的孵卵’，這有關動物學家探究的題材內容，它屬於動物學：可是如果我們說如此有關𪄔䴒鷉的斷言證明動物學不合理，那我們的陳述不是關於𪄔䴒鷉，而是有關於這斷言以及這斷言出現於其中的該學科本身，因此是爲後設動物學，如果我們說*本我*比*自我*強而有力，那我們是正在發出一些屬於正統精神分析的聲音；但是如果我們批評說此一陳述爲無意義而且無法加以證實，那我們的批評屬於後設精神分析學，同樣的情形見諸於數學和後設數學的情形，數學家所建構出來的形式系統屬於標示了“數學”的檔案，對於那系統的說明、討論，理論說明屬於那標記著“後設數學”的檔案。

有關於認識數學和後設數學之間區別的這一主題，其重要性不可能被過度強調，疏於加以重視它曾經產生悖論和困惑混淆，對其重要性的認識，使得我們可能在一清澈的亮光下，展示數學推論的邏輯結構，如此區別的優點在於它促使一種將那些進入並組合形成一形式演算的各種各樣符號加以精心編纂的必要性，免於隱藏的假設以及不相干意義的聯想，再者，它要求數學的結構和演繹，其操作和邏輯規則的確切的定義，其中很多是數學家曾在不明確明白意識到他們正在使用的是什麼的情況下曾經應用過的。

希爾柏注意到問題的核心，把他建造“絕對”一致性的證明建基於形式演算，和對於它的說明，兩者之間的區分上面。明確地說，他設法想要研究一種方法來提供一致性的證明，使其如同那運用有限的模型來證實某些假設組的一致性一樣超脫眞正合邏輯的懷疑——對於完全形式化的演算裡面的表式，加以分析其有限數量的結構上的特徵，這分析在於記下出現在演算式裡面各種不同符號的類型，明示出如何將它們組合成公式，規定諸公式如何能夠從其他公式而獲得，同時判定一給定種類的公式是否能夠經由明確陳述指定的操作規定，從其他諸公式推導出來。希爾柏相信，將每一數學演算展示成爲一種幾何圖形化的公式圖案是可能做得到的，這其中諸公式彼此之間處於有限數目的結構上的關係，他因此希望窮盡檢視一系統裡面這些表式的結構上的性質，藉以指出形式上相矛盾的公式不可能得自於給定的形式演算諸公設。

希爾柏的計畫中原創的構想一個必不可少的要求是一致性的證明，涉及的僅只如此的步驟，即不涉及無限數量的公式的結構上的性質，或者無限次數的公式的操作，如此的步驟被稱之爲“有限式論的”，同時一個符合如此要求的一致性的證明被稱之爲“絕對的”。一個“絕對的”證明藉由運用一個最小量的推論原理來達成它的目標，同時並不假設一些其他公設組的一致性。一數論的形式化版本一致性的一個絕對證明如果能被建立起來，則因此將以一種有限的後設數學步驟展示證明出兩相互矛盾的公式，例如‘0 = 0’和它的形式否定‘～(0 = 0)’——此處‘～’符號是以規則加以極度捆綁限制的使用方式，以便於形式上地模仿我們直覺上的“否”的概念。兩者不可能經由確定說出的推論規則，從諸公設（始初假設）中同被推導出來。④

後設數學作爲一種證明的理論，把它拿來和西洋棋的理論作一比較加以例釋說明，應該是有用的。西洋棋是由 32 個特殊設計的棋子，在一長方形板子上的 64 個分出來的方形區格上面，這些棋子可依據固定的規則而移動。很顯然地，沒有給予棋子或它們各各不同在棋盤上的位置加以指定任何的“解釋”，棋賽遊戲一樣進行，儘管如果想要的話，如此的一種解釋可能可以被提供的。舉例來說，我們或可以約定說；一特定的卒子代表一軍隊裡面某軍團，而一特定的方格用以代表一特定的地理區域，等等。然而，如此的約定（或解釋）並不是慣常的；同時，棋子、方格子、棋盤上面棋子的位置，一律全都不示意到任何*外在於*遊戲的任何事物，在這種理解的意味之下，棋子以及它們在棋盤上的結構佈局是“毫無意義的”，因而棋賽遊戲就可用形式化數學演算法加以類比，棋子和棋盤上的方格子相當於演算法的初基符號，棋子在棋盤上的合法位置相當於演算法的公式：棋子在棋盤上始初的位置相當於諸公設或演算法的始初公式，後來棋子在棋盤上面的位置相當於從諸公設推導出來的公式（亦即相當於諸定理），同時棋賽的規則相當於演算法的推

④ 後設數學多少步驟才算爲有限式的，對此希爾柏並未給予確切的數目。在他構想綱要的始初版本中，對於一致性的絕對證明的要求，比起他的學派成員後來對他方案的解釋來的嚴謹。

論規則（導算 derivation）。如此的對應繼續下去。雖然棋子在棋盤上的表面配置就如演算的公式是“沒有意義的”，然而對於有關這些表面配置的陳述，就如後設數學對於有關公式的陳述是完全具有意義的。一“後設西洋棋”的陳述，可能斷言說白棋可能有 20 種可能起步走法，或者給定一特定棋盤上面棋子分佈佈局，輪白棋起步將在三棋步之後使黑棋倒棋，而且僅只涉及棋盤上面有限數量可容許的佈局配置的說明步驟，可以建立起普遍“後設西洋棋”定理。關於白棋可能有多少種起步開始的走法，此種“後設西洋棋”定理同樣可以依此方式加以建立，同樣地，設若白棋只剩兩騎士以及國王，黑棋只剩國王，則白棋不可能將死黑棋使它輸棋，如此的“後設西洋棋”定理可以被建立起來。換句話說，這些以及其他的“後設西洋棋”定理可以經由有限式論推論方法加以證明，也就是逐一檢視，在明確說明條件下有限量的棋盤佈局配置此一步驟加以證明。同樣地，希爾柏的證明的理論其目標在於證明，經由如此“有限式論”方法，在一給定的數學演算裡面，推導出某些形式相互矛盾的公式的不可能性。

IV

形式邏輯的系統編纂

著手於哥德爾證明本身之前，還有兩座橋樑有待跨越。我們必須明白指出，懷海德和羅素的*數學原論*是如何以及爲何形成。同時，我們必須提供一個演繹系統形式的簡短實例——我們將取*原論*的一個片段——同時解釋其絕對一致性何以能被證實。

通常，即使當數學證明合乎專業嚴謹的認可標準，它們仍然遭受一種重大的疏忽，它們納入了一些未經明確公式化制定的推論原理（或規則），對此，數學家們往往沒有覺察出來。舉歐幾里得的證明不存在最大的質數（一個數如果除了本身以及 1 之外不能被任何其他的數除盡，沒有餘數，則此數爲一質數）爲例；其論證以*歸謬法*的形式，步驟如下：

假設與此證明所尋求證明的相矛盾，存在著一個最大質數，我們用“x”來指稱它，則：

1. x 是最大質數。

2. 將所有小於或等於 x 的質數相乘再加 1 得出一個新數 y，該情況下 y = (2x3x5x7x⋯⋯x) + 1

3. 如果 y 本身是質數，則 x 就不是最大的質數，因爲 y 顯然大於 x。

4. 如果 y 是合成數（即非質數），則 x 也不是最大的質數，因爲假如 y 是合成數，則它必定有一個質因數 z；同時 z 必定不同於所有小於或等於 x 的質數 2、3、5、7⋯⋯x；所以，z 必定是一個大於 x 的質數。

5. 可是 y 不是質數就是合成數。

6. 因此 x 不是最大質數。

7. 所以不存在最大質數。

以上我們只列出證明的主要環節，然而我們可以指出整個鏈條鍛接起來，有大量不言而喻公認的推論規則，連同邏輯定理是必不可少的。其中有些屬於形式邏輯最初等的部份，其他則屬於較高級的分枝，例如吸納了許多規則和定理，而這些規則和定理乃屬於“量化理論”，其所關涉與處理的是包含有“量化”詞的諸陳述語句之間的關係。如此的“量化”詞如‘所有’、‘有些’以及它們的同義詞。我們將舉出一條初等邏輯定理以及一條推論規則。這兩者在證明過程中都是必要但卻不明說的參與者。

看一看上面證明的第五列，它是從那裡來的？答案是來自於邏輯定理（或必然眞理），‘不是 p 就是非 p’，其中 p 被稱爲語句變元。然而，我們是如何從這定理得出第五列的結果？答案是應用所謂的“語句變元代換規則”。按照這條規則，一陳述語句即可從另一含有如此變元的陳述語句（此處指命題）導出；即將此陳述語句用任何陳述語句（在這實例裡面，‘y 是質數’）來代換其中一明確變元（此處是 p）的每一出現。我們已經談過，對於這些規則以及邏輯定理的運用，經常全然只是一種無意識的行爲。揭示出這些規則和邏輯定理的分析工作，即使在像歐幾里得這種比較而言簡單的證明中，也要仰仗最近百年之內邏輯理論所取得的進展⑤，如同莫里哀筆下的喬登先生，一輩子都在說著散文而

⑤ 上述證明中得出第 6 列和第 7 列的結果所需要用到的推論規則和邏輯定理的較詳的討論，請讀者參照附錄第 2 條。

不自知一樣。數學家至少推理了兩千年而未曾察覺到，他們如此做所依據的所有根本潛在的原理。直到近代，他們行業使用工具的眞正本質才開始變得清楚。

幾乎兩千年之久，亞里斯多德所確實認可的演繹形式的編纂，向來廣泛被視之爲完備，而且不可能有根本本質上的改進。遲至 1787 年，德國哲學家英曼努爾．康德可能會說“自從亞里斯多德以來形式邏輯從來未能前進一步，而且就外表看起來，成一周密而完整的學理整體”。事實上，傳統邏輯是嚴重的不完備，甚至未能顧及很多在相當初等的數學驗證中所運用的推論原理⑥。在近代，邏輯研究的一次復興始於 1847 年，屬於喬治．布爾的《邏輯學的數學分析》的出版。布爾和他緊接的後繼者主要關心的是發展出一種邏輯的代數；它將提供精確的符號，用以處理比傳統邏輯原理所涵蓋處理的來得更廣更多樣的演繹類型。假設我們發現在一所學校裡面優等成績的畢業生，是完全由主修數學的男生和非主修數學的女生所構成的一類，依據上述學生們所屬類別來說，則主修數學的學生所成的類，是如何的構成？如果人們僅只使用傳統邏輯工具，則其答案無法方便隨時可得，然而，藉助於布爾代數則很容易證明；主修數學的學生所成的類是完全由畢業成績優等的男生和畢業成績非優等的女生所構成。

---

⑥ 例如，下面推論所關係到的法則：5 大於 3；因此 5 的平方大於 3 的平方。

表 1

所有的紳士都是有禮貌的。
沒有一個銀行家是有禮貌的。
所以，沒有紳士是銀行家。

$$g \subset p$$
$$b \subset \bar{p}$$
$$\therefore g \subset \bar{b}$$

$$g\bar{p} = 0$$
$$bp = 0$$
$$gb = 0$$

符號邏輯是十九世紀中，由英國數學家喬治・布爾發明的，上面的例釋，是將一個三段論法以兩種不同的方式轉譯成他的符號；在上面一組公式中，符號‘$\subset$’意指“被包含于”，因而‘$g \subset p$’的意思是紳士類被包含在有禮貌的人的類之中。在下面一組公式中，兩個並在一起的字母意指具有兩種特性的事物的類，例如‘bp’意指既是銀行家又是有禮貌的人的類，而方程式‘$bp = 0$’說的是這個類沒有成員，在一個字母上面的一線段意指“非”（例如‘$\bar{p}$’意指沒禮貌）。

與十九世紀數學家們在分析基礎方面的工作密切相關聯的另一探討途徑，開始與布爾的方案關聯起來。此一新的發展試圖將純數學展示成形式邏輯的一個部份，如此的進展在 1910 年懷海德和羅素的*數學原論*中得到它經典式的體現。十九世紀的數學家展示證明；運用於數學分析裡面的各種各樣的概念，可以唯一用數論的術語加以定義。（即依據整數以及對它的算術運算加以定義）。由此，他們將代數以及向來被稱之爲“微積分學”的，成功地加以“算術化”。例如，不把虛數視爲有點神秘的“實體”，而是將它定義爲一整數序對（0,1），並可對它執行某些“加”和“乘”運算，同樣地，無理數$\sqrt{2}$被定義爲有理數某一特定的類——即其平方小於 2 的有理數的類。羅素（以及在他之前的德國數學家葛特勒．佛列格）試圖展示證明的是：所有*數論的*概念都能夠以純邏輯觀念加以定義，而且所有的數論公設都可以從很少幾條可以被確認爲純邏輯眞理的基礎命題演繹出來。舉例說明：*類（class）*的概念屬於一般的邏輯，兩個類被定義爲“相似的”，如果它們的元素之間存在著一一對應，此種符應的概念又可經由其他邏輯觀念加以解釋與理解。只具有一個元素成員的類被稱爲“單元類”（例如地球的衛星構成的類）；基數 1 可被定義爲相似於單元類的所有的類所構成的類。其他的基數可以用類的方法定義。同時，各種算術運算，如加法和乘法可以用形式邏輯的概念來定義。一個算術陳述語句，如‘1 + 1 = 2’可被展示爲只含有屬於一般邏輯表式的一種濃縮改寫的語句。同時如此純粹邏輯的語句，可被證明其能夠從某些邏輯公設中被演繹出來。

經由把問題化約成爲形式邏輯自身一致性的問題，*數學原論*似乎爲數學系統，以及特別是算術的一致性問題的最終決定性解決，推定了一步。因爲，如果算術公設純粹只是邏輯定理的轉譯抄本（他們本身可被推導成爲形式邏輯裡面的定理），則諸公設是否一致的問題，就等同於邏輯基礎公設是否一致的問題了。

弗列格—羅素所主張的數學只是邏輯的一個部份的此一論點，由於許多細節上的理由未能贏得數學家們廣泛的接受。而且，正如我們已經注意到的，康托的超限數理論的悖論（二律背反）能夠在邏輯本身內部被複製，除非採取特別的預防措施來防止這後果。但是，*數學原論*裡面所採用來戰勝那悖論（二律背反）的措施足以排除*所有*形式的自相矛盾的結構嗎？這不能理所當然地加以斷言。因此，弗列格—羅素的化約，將算術化約爲邏輯的化約，並未給予一致性問題提供最終的答案。事實上，問題只不過以一種更爲整體普遍化的形式呈現出來。然而，無論弗列格—羅素的論旨的正確性如何，*原論*的兩特徵已被證明爲對於一致性問題的進一步研究具有難以估計的價值，*原論*提供了一個非凡深廣涵蓋的符號系統，藉助於它，所有純數學的陳述語句（以及，特別是數論）能夠被系統地編纂起來。而且，它使絕大多數用之於數學證明的形式推論規則成爲明確清楚，（終於，這些規則被訂得更精確與完備）總而言之，*原論*爲那作爲未經解釋的演算的整個算術系統的探究，創造了重要而根本的工具——就是作爲一無意義符號的系統，其公式（或“諸串”）是依照明說指定的操作規則來組合和形變。

由於它歷史性的重要性，*數學原論*從此將被視爲數論的形式的典型的範例，同時，每當我們提及*數學原論*之時，在哥德爾論文標題裡面的措詞“und verwandter Systeme”（“以及相關的系統”）將被默然包含在內；以意指其爲此類系統的整個族類。

V

一致性絕對證明的一個成功的例子

現在我們必須嘗試上一章節開頭所提到的第二項工作，同時設法熟悉一雖然容易理解卻很重要的一個一致性絕對證明的例子。經由對於這證明的掌握，讀者將以一種較佳的角度來鑑賞 1931 年哥德爾論文的重要意義。

我們將概述一下*原論*中的一小部份內容，即初等命題邏輯如何能被形式化。這將涉及到這片段系統轉化成爲未經解釋符號的演算。接著，我們將詳細闡述一個一致性的絕對證明。

形式化分四步驟著手進行，首先備妥用於演算裡面的符號完整目錄，這些就是它們所用的詞彙。第二，制定“形成規則”，它斷言詞彙裡面那些符號的組合可能視爲“公式”（事實上，即爲語句），這些規則可被認爲構成系統的文法。第三，確定明說“形變規則”，這些規則描述那些（恰恰能夠從中推導出已知給定結構的公式的）公式的精確結構。運用這些公式，已知給定結構中的其他公式可以被推導出來。這些規則事實上即爲推論規則。最後，某些公式被挑選爲公設（或始初公式）作爲整個系統的基礎，我們將使用片語“系統的定理”來指稱任何能夠經由相繼地應用形變規則中從諸公設推導出來的公式。形式“證明”（或“演示”）我們意指一有限公式系列，其中任何一個不是公設就是能夠從一系列在先的公式經由形變規則推導出來。⑦

命題邏輯（常常被稱爲語句演算）其詞彙（或初基符

⑦ 緊接的必然結果是，公設可被視爲定理的一員。

號清單）是極端地簡明的，它包含了變元（或譯爲變數）和常數（或譯成常元）符號，變元可由語句代換，因此稱之爲“語句變元”，它們就是字母‘p’，‘q’，‘r’等等。

常數符號不是“語句連詞”就是標點符號。

語句連詞是：

‘～’它是‘非’的簡寫（稱爲“波浪號”）

‘∨’它是‘或者’的簡寫

‘⊃’它是‘如果……則……’的簡寫。還有

‘·’它是‘與’的簡寫

標點符號的部分分別爲左和右圓弧括號，‘（’和‘）’。

形成規則被設計成規定初基符號的結合體，其能夠正常地具有語句的形式的，稱之爲公式，又每一語句變元視爲一公式，更且，如果字母‘S’代表一公式，則其形式否定亦即，$\sim(S)$，亦爲一公式。同樣地，如果 S_1 和 S_2 是公式，那麼 $(S_1)\vee(S_2)$，$(S_1)\supset(S_2)$，以及 $(S_1)\cdot(S_2)$ 也都是公式。

以下每一都是公式：‘p’、‘$\sim(p)$’、‘$(p)\supset(q)$’、‘$((q)\vee(r))\supset(p)$’。但是‘$(p)(\sim(q))$’既不是一公式，‘$((p)\supset(q))V$’也不是一公式：第一個之所以不是，因爲儘管‘(p)’和‘$(\sim(q))$’兩者都是公式，卻沒有語句連詞出現在兩者之間，第二個之所以不是，是因爲連詞‘∨’沒有

按規則要求，左右兩側都要有一公式塡入。[8]

被採用爲形變規則的有兩個，其中之一爲*代換規則*（用於語句變元），該規則明說，從一含有語句變元的公式，一貫容許可以經由將變元統一爲其他公式所代換而推導出一個另一公式。我們明白，在一公式當中進行一變元代換時，必須對變元*每一出現*加以代換。例如，在‘p⊃p’已經確立的假設下，我們可以用公式‘q’來代換變元‘p’而得出‘q⊃q’；或我們可以代入公式‘p∨q’而得出‘(p∨q)⊃(p∨q)’或者，假如我們用實際的英文語句來代換‘p’，我們能夠從‘p⊃p’得出下列每一語式；‘青蛙很吵⊃青蛙很吵’；‘（蝙蝠無視覺∨蝙蝠吃老鼠）⊃（蝙蝠無視覺∨蝙蝠吃老鼠）’[9]。第二條代換律是爲*斷離規則*（或modus ponens假言推理／正向思維律），這條規則指明說：從兩具有形式 S_1 和形式 $S_1 \supset S_2$ 的公式中必定容許推導出公式 S_2，例如從‘p∨～p’以及‘(p∨～p)⊃(p⊃p)’這兩公式，

---

⑧ 在不可能發生混淆的情況下，標點符號（即括號）可以去除。於是將‘～(p)’簡化寫成‘～p’就足夠了，將‘(p)⊃(q)’簡寫‘p⊃q’，如此表面上明顯的對於系統形構的鬆寬處理並未眞正步離規則的約束，因爲對於不需要的括號去除，其本身能夠輕易地以一種純粹機械的方式加以特性表徵。

⑨ 另一方面，假設公式‘(p⊃q)⊃(～q⊃～p)’已被確立，同時我們決定要用‘r’來代換變元‘p’以及‘p∨r’代換變元‘q’。我們無法經由此一代換得出公式‘(r⊃(p∨r))⊃(～q⊃～r)’。因爲我們未能給予每一出現的變元‘q’做出同樣的代換，正確的代換產生‘(r⊃(p∨r))⊃(～(p∨r)⊃～r)’。

我們能推導出‘$p\supset p$’。

最後，（語句）演算法（本質上和*原論*所具一樣）四公設爲如下四個公式：

1. $(p\vee p)\supset p$：或，用平常語言說，如果 p 或 p，則 p	1. 如果（亨利八世是粗野人或亨利八世是粗野人）則亨利八世是粗野人。
2. $p\supset(p\vee q)$：即，如果 p，則 p 或 q	2. 如果精神分析很時髦，則（精神分析很時髦或頭痛粉賣得便宜）
3. $(p\vee q)\supset(q\vee p)$：即，如果 p 或 q，則 q 或 p	3. 如果（英曼努爾康德很守時或好萊塢是邪惡的）則（好萊塢是邪惡的或英曼努爾康德很守時）
4. $(p\supset q)\supset((r\vee p)\supset(r\vee q))$：即，如果（如果 p 則 q）則（如果（r 或 p）則（r 或 q））	4. 如果（鴨子搖擺地行走則 5 是質數）則（如果（邱吉爾喝白蘭地或鴨子搖擺行走）則（邱吉爾喝白蘭地或 5 是一個質數））

左邊一欄我們敘明指定諸公設，逐一附之以翻譯。

右邊一欄，我們爲每一公設提供一實例，翻譯結果的笨拙，特別在最後一個公設的笨拙翻譯，或許將有助於讀者了解到，在形式邏輯裡面，運用特殊符號體系的優勢所在。同屬重要的是，要留意到，作爲公設代換實例舉例中所用到的無意義示例，以及條件語句中後件和它的前件之間並無承接任何有意義的關係，這兩件事實決不影響到舉例之中所斷言的邏輯關係的正當性。

這些公設每一條看起來似乎“顯然的”而且“瑣碎的”，然而，藉助於指定敘明的形變規則，其數無限一大類的定理可能從它們推導出來。而這些推導出來的定理既不顯然亦不瑣碎，例如公式：

$$‘((p\supset q)\supset((r\supset s)\supset t))\supset((u\supset((r\supset s)\supset t))\supset((p\supset u)\supset(s\supset t)))’$$

可以作爲一定理被推導出來。然而，此刻我們的興趣不在於從公設推導出定理，我們的目的在於指出此一公設組不相互矛盾，也就是說要“絕對地”證明，藉由運用形變規則，*不可能*從公設推導出公式 S，同時導出它的形式否定～S。

現在，正好‘p⊃(～p⊃q)’（讀作：‘如果 p，則如果非 p 則 q’）在演算體系中是一定理（我們將把它作爲事實加以接受，而不展示推導過程）。接著，假設其公式 S 連同它互相矛盾的～S 能夠從公設演繹出來，在上述定理中，用 S 代換變元‘p’（如形變規則所容許）同時應用斷離規則兩次，公式‘q’就會是可演繹推導得出來的。[10]但是，如果由變元‘q’所構成的公式是可證明的，其立即產生的結果

---

[10] 用 S 代換‘p’，我們首先得出 s⊃(～s⊃q)。從這個式子再加上 S，該 S 是被假設爲是可證明的，經由斷離規則我們得出：～S⊃q，最後既然～S 同屬被假設爲可證明的，再度使用斷離規則一次，我們得出：q。

是用*任何*公式來代換‘q’，*任何公式都能從諸公設演譯出來*。於是，明顯的事實是；如果某公式 S，連同它互相矛盾的～S，兩者同時能夠從諸公設中演譯出來，則每一公式都將是可演譯推導出來的。簡而言之，如果演算體系不一致，則每一公式都是定理 —— 這就如同說：從一互相矛盾的公設組裡面，任何公式都可以被推導出來。但是，此說有其逆換式（的說法）：即，如果並非每一公式都是定理（亦即，如果至少存在著一公式，該公式無法從諸公設推導出來），那麼演算體系即爲一致。*因此，工作任務就在於指出至少存在一公式，該公式不能從諸公設中被推導出來。*

達成這工作的方式在於運用後設數學，對我們面前的系統加以推論。實際的步驟是優美的，它在於找出滿足下列三條件的公式的特徵或公式的結構特性：

(1) 此特性必須爲四個公設共有，（一個如此特性的例子是，不含有多於 25 個初基符號；然而此一特性並不滿足下一個條件。）

(2) 此特性在形變規則之下必須具有“遺傳性” —— 亦即如果所有的公設都具有此性質，則經由形變規則正確地從中推導出來的任何公式也必須具有這性質。既然如此推導出來的任何公式定義上爲一定理，此一條件本質上規定了每一定理必然具有此特性。

(3) 此特性不能屬於能夠依據系統的形成規則而被建構出來的每一個定理 —— 換言之，我們必須設法至少展示出一個不具這性質的公式。

如果我們實現這三合一任務，那麼我們就得到一個一致性的絕對證明。其推論過程如下：遺傳特性，從諸公設被傳遞到所有的定理；但是如果能找到一列符號，它能夠被看出來符合系統中作爲一公式的規定，不過同時不具有特定遺傳性質，則此公式不可能是一定理，（換個方式說明，假如一被懷疑的後代（公式）不具有祖先（諸公設）一貫的遺傳特徵，它事實上就不可能是它們的後代（定理））。可是，如果找到一不是定理的公式，那麼，我們就證實了系統的一致性，因爲，如我們剛剛提到過的；如果系統不一致，則每一公式能夠從諸公設導出（亦即，每一公式都將會是定理。），簡而言之，單單一個不具遺傳性質的公式的展示，就功抵於成。

且讓我們找出一種合要求種類的性質，而我們所選的一種是爲“套套邏輯”（tautology 恆眞式）的性質，用平常的說法，如果一話語包含了多餘贅詞冗語，而且用不同言詞說同樣的事情超過兩次，通常即被稱之爲同義反覆的贅述的—— 例如約翰是查理的父親而且查理是約翰的兒子。然而，邏輯上，套套邏輯是被定義爲不排除任何邏輯的可能性。例如，‘天正在下雨或天不正在下雨’換個方式來解釋說，套套邏輯是“在所有可能的世界裡面都爲眞”，無人會懷疑它，無關天氣的實際狀況（亦即不管天正在下雨此一陳述是眞是假），‘天正下雨或天不正在下雨’此一陳述語句是*必然的眞*。

我們就運用此種概念來定義我們系統裡面的套套邏輯。首先請注意到，每一公式全都由初基構成成分‘p’，

‘q’，‘r’，等等所構成。一公式如果不管它的初基組成成分是眞或是假，它一貫不變地總是眞，則這公式是為一套套邏輯（譯註：恆眞式）。因而，在第一條公設‘$(p \vee p) \supset p$’裡面，唯一的初基構成成分是‘p’，但是‘p’被假設為眞或被設為假全都沒有差別——在兩種情況下，第一條公設都為眞。這可以被弄得更清楚，如果我們用‘雷尼爾山有20,000 英呎高’這語句來代換‘p’；我們於是得出第一條公設的一個實例。‘如果雷尼爾山有 20,000 英呎高或雷尼爾山有 20,000 英呎高，則雷尼爾山有 20,000 英呎高’。讀者將毫無困難地認清這一段長長的陳述語句之為眞。即使他竟然碰巧不知道那構成成分陳述語句‘雷尼爾山有 20,000 英呎高’是否為眞。因此，明顯地，那第一條公設是套套邏輯（恆眞式）——於所有可能世界中為眞，我們很容易可以指出其他各公設也都是套套邏輯（恆眞式）。

接下來，我們能夠證明套套邏輯（恆眞式）之為性質在形變規律下是遺傳性的，儘管我們不轉而去給予證明。（參考附錄 3）接下來的結果是，每一正確地從諸公設推導出來的公式（即每一定理）必是套套邏輯（恆眞式）。

到此為止，已經示明套套邏輯（恆眞式 tautologous 同義反覆的）此一性質滿足了早先所提及的三條件中的兩條。現在可以進入第三步驟了，我們必須找尋一屬於這系統的公式（即依照形成規則，由詞彙表中符號所建構出來。）然而，由於它並不具有套套邏輯此一性質，因此不可能是一定理。（即不可能從諸公設被推導出來）

我們無須太過辛苦找尋，展示出如此一個公式並不難。

例如，'p∨q' 合乎要求，它聲稱是小鵝，但事實上是小鴨；它不屬於這個動物科別，它是一公式，但它*不是一定理*。很清楚地，它不是一套套邏輯，任何代換實例（或解釋）可立即示明此點。將'p∨q'裡面的變元加以代換，我們可以得出此一陳述語句'拿破崙死於癌症或俾斯麥享用一杯咖啡'，這不是一邏輯眞理，因爲出現在其中的兩子句如果全爲假，則它就會是假；而且，即使它是個眞實陳述語句，它也不是不論它的構成成分的陳述語句的眞假，而恆爲眞。（見附錄 3）

到此，我們已經達成了我們的目標，我們已經找到至少一個不是定理的公式。如果諸公設不矛盾的話，如此的公式不可能存在，必然的結果是，我們不可能從語句演算諸公設中既推導出一公式，又推導出其形式否定的公式，簡而言之，我們已經展示了此系統一個一致性的絕對證明。⑪

---

⑪ 下列要點重述也許對讀者有所幫助

1. 系統中每一公設都是一套套邏輯（恆眞式）。
2. 套套邏輯性（恆眞式性）是一遺傳性質。
3. 從諸公設妥適地推導出來的公式（即每一定理）同時是套套邏輯（恆眞式）。
4. 因此，任何不是套套邏輯（恆眞式）的公式，就不是一定理。
5. 找到一公式（例如．'p∨q'），而該公式不是一套套邏輯（恆眞式）。
6. 此一公式因此不是一定理。
7. 但是，假如諸公設爲不一致，則每一公式將會是一定理。
8. 所以，諸公設是一致的。

離開語句演算之前，還有最後一點要提及，既然這演算體系的每一定理都是套套邏輯（恆眞式 tautology），爲邏輯的眞理，那自然有人要問到，反過來說，是否能夠由演算體系詞彙所表達的每一邏輯眞理〔即每一套套邏輯（恆眞式）〕，同時也都是定理（即能夠從諸公設導出）答案是肯定的“是”！不過其證明過程太長，無法在此說明。無論如何，我們所關注形成的論點並不依賴於對於此證明的熟識與否。我們的論點在於，依據此一結論，諸公設足以衍生所有恆眞套套邏輯式公式——*所有*邏輯眞理都能夠在此系統中加以表達。具有如此性質的公設化系統被稱爲“完備”。

如今，經常引起無上關注與興趣的是；確定一公設形式化的系統是否“完備”。的確，爲各數學分枝公設化的此種強力動機，向來基於渴望建立一套始初假設，使得某些探究領域中的所有眞確陳述語句可以從中演繹出來。當歐幾里得公設化了初等幾何學，他如此選定他的諸公設，顯然地爲了使其能夠從這諸公設中推導出所有幾何眞理；也就是那些已經被確立的，以及任何可能被發現出來的其他的幾何眞理。⑫

直到最近，任何給定的數學分科，都可找到一組完備的公設，仍然被視爲理所當然，特別是，數學家們相信以往爲數論所提出來的公設，事實上是完備的，或則，最壞，了不

---

⑫ 歐幾里得把他著名的平行公設視爲邏輯上獨立於他的其他公設的假設。於此顯露他非比尋常的洞察力，因爲，就如之後被證明出來的，此一公設無法從他其餘的假設中被推導出來。因此，缺少了它，公設組就不完備。

起，只要在原本公設名單上增加有限數量的公設就可以使其完備。發現此事行不通的，乃是哥德爾的主要成就。

VI

映射的觀念及其在數學上的應用

希爾柏證明理論的目標，在數學系統內語句演算這一個實例上得到完全的實現。確定的是，此語句演算僅只限於對形式邏輯的一個片段部分作了編纂，而且其詞彙和形式機構甚至不足以闡明與發展初等算術。然而，希爾柏的構想方案並非如此受限，它可被成功地用於貫徹更爲廣闊包容的系統，也就是那些經由後設數學推論，被證明爲既一致又完備的演算系統。從實例舉例可知：一形式系統，如果已知給定的是爲加法而不爲乘法的公設，那麼給予如此的形式系統一個絕對一致性的證明是可行的。然而，希爾柏的有限式方法有足夠力量來證明像*原論*如此系統的一致性嗎？*原論*的詞彙和邏輯構造足夠以表達全部整體的算術而不僅限於一片段的一部分！不斷地試圖建構如此的一個證明而始終未能成功。同時，1931 年哥德爾論文的發表終於指出：在希爾柏原始方案的嚴格限制內運作的此類所有努力，必定失敗。

哥德爾證明了甚麼，還有他是如何證明他的結果？他的主要結論有兩個部分，第一個部分（雖然這不是哥德爾實際論證的次序）他指出一個深度涵蓋性，足以包含整個算術的系統（如*數學原論*）其一致性，我們是不可能給予一後設數學的證明的，除非這證明本身運用到一些推論規則，那種本質上異於系統本身內部所運用的形變規則。可以確定的是，如此的證明可能具有很大的價值和重要性。然而，假如其中推理本身是立基於一種推論規則，這些規則又比*數學原論*的規則更爲強有力得多，以致於推論中的假設的一致性和形式化數論的一致性一樣遭受懷疑。如此的證明產生出來的只是一個華而不實的勝利：屠殺一條龍卻產生另一條龍。無論如何，假如證明不是有限式的，則它未能實現希爾柏的原始方案的目的。而哥德爾的論證使得一有限式的對於*數學原論*（或類似系統）一致性的證明的提供顯得不太可能。

哥德爾的第二個主要結論甚至於更加令人驚奇且革命性。因爲，它證明了公設法能力裡面一根本的極限。哥德爾指出，*數學原論*或任何其他系統，能夠在裡面將算術加以闡明發展的系統，全部*實質上不完備*。換句話說；給定*任何*一致性形式化的數論，就存在著無法在這系統中推導出來的眞確數論陳述語句。此一重要關鍵性的論點值得加以舉例說明，數學中有大量從未發現任何例外的一般性陳述語句，挫敗了所有加以證明的企圖。爲人所知的一個經典實例就是“哥德巴赫定理”，該定理敘述說；每一個偶數都是兩質數的和。從來沒有過任何不是兩質數和的偶數被發現過。迄今爲止，沒有任何人曾經成功地找到一個證明，證明了哥德巴赫的猜想毫無例外地應用於所有偶數。於此就有一算術陳述語句的實例，它或許爲眞，但可能是非可證明的，無法從數論的一形式版本的公設中推導出來。現在假設哥德巴赫的猜想雖然不能從公設推導出來，但卻的確具有普遍眞實性。如此的結果之下，設想公設能被修正或擴增到使得迄今不能證明的陳述語句（比如我們所假設的哥德巴赫如此的陳述語句。）最終得以能被證明，那又如何？哥德爾的結論指出：即使那假設是爲正確，如此的建議將仍然無法爲這困難提供任何根本的解方，也就是說，即使那*數學原論*被一種不限數量的新的公設與規則所加強，將永遠存在更進一步無法從那擴大公設組中形式地推導出來的其他的算術眞理[13]。

哥德爾如何證明這些結論？一直到某一論點爲止，他論證的結構，如他自己所指出的，是仿效牽涉到邏輯上的二律背反裡面的一種被稱之爲“理查悖論”來塑作。該理查悖論首先爲法國數學家朱利亞斯·理查於 1905 年所首次倡儀。我們將概述此一悖論。

考慮一種語言（例如英語），在其中，基數的純算術性質能夠被公式化制定定義，且讓我們檢視能夠用這語言來加以陳述說明的諸定義。很清楚的是，苦於循環論證或無窮後退，有些牽涉到算術性質的術語無法被清楚明確的定義——因爲我們無法定義每一樣東西，而是必須要有個起點——儘管它們大抵能夠以某些其他方式加以了解。就我們的議題而言，那一個是未定義的，或“始初”語詞，是無關緊要的。例如，我們可以想當然耳地認爲說，我們了解‘一整數可以被其他整數整除’，‘一整數爲兩整數的乘積’等等。作爲一質數，其性質能夠被定義爲：‘除了 1 和自己本身之外，不能被任何整數整除’；作爲一個完全平方數，其性質可被定義爲‘是爲某整數自己相乘的乘積’。等等。

我們立刻可以看出，每一如此的定義，將僅只包含有限

---

⑬ 如此更深層的事實，如我們所將看到的，是可以經由某些有關該系統的後設數學推論的類型來加以確立，但如此程序不符合所謂的演算必須自我包含的要求，還有問題中的事實必須被展示爲系統中特定公設的形式結果的另一要求。因此，以公設法作爲系統化全部整體數論的方法存在著*固有*的侷限性。

個數的字，也因此僅只有限個數的字*母*所組成。事例就是如此，這些定義可以按順序排列起來。如果一個定義所用字*母*數小於另一個定義的字*母*個數，則將前一個定義排在後一個定義前面：如果兩個定義的字*母*數目相等，那麼就將兩者的字*母*按照字*母*表的先後排出順序，在這排序的基準上，每一定義對對應於一個唯一的整數。代表其在序列中的位置。例如，具有最少字*母*的定義對應於 1 。下一個定義對應於 2，以此類推。

既然每一定義和一唯一的整數相關聯，結果可能是某種情況下，一整數將正好具有與它關聯的定義所指明的性質⑭。例如說，假設一定義表述‘不能被 1 以及自身整除’正好關聯於順序號數 17；顯然 17 本身就具有表述詞句所指名的性質。另一方面，假設定義表述了詞句‘某一整數和自身相乘的乘積’關聯於順序號數 15；15 明顯沒有表述句所指稱的性質。我們將以 15 這個數具有一種*理查式*的性質，（譯註：理查性）以此用來描繪第二個例子裡面的狀況。還有，在第一個例子裡面，17 *不具有理查式性質*（ ：理查性）。更加普遍的說法，我們定義‘x 具有理查性’作爲如下表述簡略表達，‘x *不*具有定義述句所指稱的性質，而 x 和該定

⑭ 這情形類同於下述發生的情況：假如英文單字：‘polysyllabic’（意指‘多音節’）出現在一單字清單上面，而我們用描繪性標籤“monosyllabic”（意指單音節）或“polysyllabic”（意指多音節）來特徵描述清單上而每一單字，那麼，‘polysyllabic’將會有“polysyllabic”附在其上。

義述句是在順序排列安排有序的一套定義中相互關聯在一起的’。

現在在理查悖論的陳述語句中，我們涉入一不尋常卻又獨特典型的轉折，那就是。作爲具有理查性的定義表述句，它外顯地描述了整數的一個數字上的性質。這表述句本身因此屬於上述所提諸定義系列。因此，這表述句就關聯到那定位整數或數目。假設這數是 n，現在，我們引發了問題，憶起羅素的二律背反：n 具有理查性嗎？讀者無疑地預期那致命矛盾的威脅就在眼前。因爲，n 具有理查性、若且唯若 n 不具有和 n 關聯的定義表式所指稱的性質，（即；它不具有理查性）簡而言之，n 具有理查性，若且唯若 n 不具有理查性：因此，陳述語句‘n 具有理查性’是既眞且假。

現在，我們必須指出，如此的矛盾在某種意味上是由於賽局遊戲相當不公正所產生的一種玩笑騙局，一種本質上重要不可少的，心照不宣，默示不明說而根本上隱含潛在於那定義的系列順序排列中的假設，被隨隨便便一路遺漏省略掉了。照約定所考量的是整數*純算術*性質的定義——能夠藉助於算術的加、乘等等的概念來加以公式化制定說明的諸性質。但是，接著，毫無預警地，我們被要求接受系列裡面一定義，該定義涉及到它對那用之於公式化制定說明算術性質時所使用的*語言*本身。更明白地說，具有理查性的這性質的定義本身並不屬於那原先屬意的系列。因爲這定義涉及諸如用英文（例如）寫出的出現在表式中的字母（或符號）的後設數學的想法。只要我們仔細地分辨兩種陳述語句語式之間的區別即可杜絕這理查悖論。這兩種語式一爲*內在*於算術的陳述語句。（它無涉於任何標記法符號系統）另一則爲*對於*某標記法符號系統的陳述，算術就是在那標記符號系統裡面被編纂的。

建構理查悖論中使用的推論是明明白白乖謬的★。然而理查悖論如此的建構使人想起或許我們可以將對於足夠廣涵的形式系統的後設數學陳述語句加以“映射”或“鏡映”入該系統本身裡面。在很多數學的分科裡面，“映射”的觀念是聞名的，而且具有根本重要的作用。當然它已經被用之於普通地圖的繪製上。就是把球面上的形狀投影到平面上，以此用平面圖形間的關係來反映球面上圖形之間的關係。它被用之於座標幾何，將幾何轉譯成代數，以此幾何關係被映射到代數關係上面。（讀者可以回想第二章的討論，其中解釋了希爾柏如何運用代數來證實他的幾何公設的一致性。事實上，希爾柏所做的就是把幾何映射到代數上面。）映射在理論物理上也具有重要的作用。例如，電流之間的關係可以由流體動力學的語言來表述。在著手製造完整尺寸實體機器之前，建構試驗性的模型就需要用到映射的技術。風洞中觀察

★ 對於理查悖論加以細心考慮顯示出事實上，避開高度含混及欠缺精確定義的自然語言如英語的使用，在形式系統的脈絡裡面，它是可以被重新改建的。在這種情境之下，謬誤的分析變得更加微妙，結果證明，爲了明確指出那表面上合邏輯的思想流程，在其中走偏出錯的確切步驟，密切關聯到哥德爾 1931 年論文的那些觀念是需要用到的。然而如此的一個分析超出我們這一本小書的範圍。〔——修訂版編者〕

小型翅膀裡面空氣動力學性質，或者用電路構成的實驗室設備來研究運動中大型質量之間的關係。圖 3 展示了一個醒目的例子，例釋說明了一種為人所知“的投影幾何”此一數學分科所用到的一種映射。

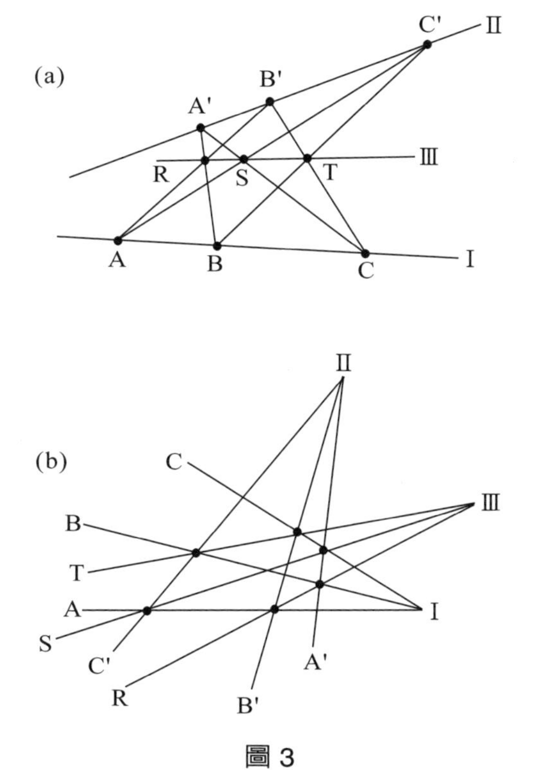

圖 3

圖 3(a) 圖示實例說明巴布的定理：設 A，B，C 是一*直線* I 上面三個不同*點*，而 A'，B'，C' 為另一*直線* II 上面任何三不同*點*，三個點 R、S、T 為直線對 AB' 和 A'B 以及 BC' 和 B'C 還有 CA' 和 C'A 三對直線分別所決定。這三個點為*共線*（即座落在直線III上面）。

圖 3(b) 圖示實例說明了上述定理的“對偶”性：設 A、B、C 爲*點* I 上面任意三不同*直線*，同時 A'、B'、C' 爲另一*點* II 上面任意三不同*直線*，爲三對*點* AB' 和 A'B、BC' 和 B'C、CA' 和 C'A 所分別決定的 R、S、T 三*直線*爲*共點*（即交於*點*III 上面）。

兩圖具有相同的*抽象結構*，雖然外表上它們明顯不同。圖 3(a) 和圖 3(b) 是如此的相關聯；前者的*點*對應於後者的*線*，而前者的*線*對應於後者的*點*。事實上，(b) 是爲 (a) 的映像：(b) 裡面的一個點代表（或作爲其鏡像）(a) 裡面的一直線，而 (b) 裡面的一直線代表了 (a) 裡面的一個點。

映射的基本特色在於：體現在一範域中各對象之間的關係的抽象結構能夠被展示爲在另一範域（通常和前者不同組）各對象之間關係的抽象結構一樣成立。就是如此的特點，激發哥德爾創建他的證明：假如有關形構化算術系統的複雜的後設數學陳述語句，如他所期望，能夠被轉譯進入（或被反映入）系統本身內部的算術語句的話，那麼，將有重大獲益，使得後設數學論證得到進一步促進。因爲就如同處理空間中曲線和面之間錯綜複雜的幾何關係，其代數公式的表現形式鏡映比起處理幾何關係本身來得容易。同樣地，處理複雜邏輯關係的對應物（或鏡像）比起處理邏輯關係本身來的容易。

映射概念的開發是哥德爾著名論文，其論證的秘訣所在。隨著理查悖論的方式，但是小心避開牽涉於其結構之中的謬誤。哥德爾證明了*對於*一形式化算術的演算的後設數學陳述語句的確能夠被演算*內部*的算術公式所描繪表現。就如我們將在下一節給予更爲細節上詳細的解釋。他設計了一表現形式的方法，使得不僅那符應於某一後設數學陳述語句的算術公式，連同那符應於該陳述語句的否定的算術公式，全都無法在演算法內得到證明。既然這些算術公式其中之一必然編纂了一算術的事實，然而兩者全部不能從其公設推導出來，因此那公設是不完備的。哥德爾的表徵方法同時使得他能夠建構出一個數論語句，對應於後設數學陳述語句‘演算法爲一致’同時明，經形式轉譯成爲形式演算符號的此一陳述語句，無法在這演算內部得到證明。如此一來，該後設數學陳述語句無法被確立，除非運用到的推論規則無法在演算內部被描繪表現（表象）。因此，在證明該陳述語句時必須運用到的規則其本身的一致性可能如同形式演算本身的一致性一樣遭受質疑。哥德爾使用了一種非凡卓越、新穎獨特創造性的映射形式，確立了上述這些主要重大的結論。

VII

哥德爾的證明

哥德爾的論文很艱深，在到達主要的結論之前，必須先掌握四十幾個預備性定義，以及幾個重要預備性定理。然而，我們將另闢一條容易得多的道路，以此提供讀者從一路爬升到登頂一瞥其完全的結構。

A 哥德爾數碼

哥德爾描繪了一種形式化演算法 formalized calculus，我們將稱之爲“PM”，在其中所有常用算術符號標記的都能被表達，而且熟悉的算術關係能被確立⑮。

演算法的公式是藉由一組初基符號構成，這些初基符號構成了基礎的詞彙。一組始初的公式（或公設）由下往上支撐，而演算法的定理就是能夠從公設中被推導出來，藉由一組周密舉出的形變規則（或推論規則）從公設中推導出來。

哥德爾首先指出：我們能夠分派指定一個*獨一無二的數*給各個初基符號、各個公式（或符號系列）以及各個證明（或有限公式系列）。作爲特殊的標籤的這個數被稱之爲這符號、公式或證明的哥德爾數。⑯

---

⑮ 哥德爾使用了*數學原論*裡面所開展出來的系統的改寫本，但是任何演算法只要其內部能建構出基數（即非負整數）及其加和乘，就能適合他的用途。我們因此將使用字首字母“PM”來代表任何如此的系統。

⑯ 實際上有許多不同的替代方法來分派指定哥德爾數；採用那一種無關論證主旨。爲了有助於討論，我們給出一如何分派指定哥德爾數的具體實例。而且，事實上用於本文的哥德爾數法即爲哥德爾1931年論文中所運用的方法。

屬於基礎詞彙的初基符號分爲兩類：常元（常數）符號和變元（變數）。我們將認定恰好有十二個常元符號[17]。繫之以從 1 到 12 的正整數作爲哥德爾數。這些符號大多數，讀者都已認識；‘～’（‘非’的簡略）；‘V’（‘或’的簡略）；‘⊃’（‘如果……則……’的簡略）；‘=’（‘相等’的簡略）；‘0’（代表數 0 的數字）；‘＋’（‘加’的簡略）；‘×’（‘乘’的簡略）；以及三個標點符號，即左括號‘（’，右括號‘）’，以及逗號‘，’。除此之外，還將用到兩個符號：左右反轉的字母‘ョ’（譯者：發輕音“ㄙㄨㄚ”，‘E’的反向），可被讀做‘存在’，他出現在所謂的“存在量詞”裡面；還有小寫字母‘s’，用以前置於數字表式，來指稱一個數的緊鄰後繼者（後繼元素）。

舉例說明：公式‘$(\exists x)(x = s0)$’可被讀作‘存在一 x，而這個 x 是 0 的緊鄰後繼者’。下面列表展列十二常元符號，指述和各個符號相連結的哥德爾數，同時表明符號的慣常意義。

根據我們在第 III 章的陳述；形式演算法裡面的記號是被“抽乾了所有意義”，而且僅只是“空洞而無意義的符號”。讀者或許感到相當納悶，爲這些據被稱爲無意義的記號列出其意義一欄，一般人的觀感將又如何？，難不成我們爲了討好各方而不惜自我矛盾？答案是我們正行走在一微妙

---

⑰ 常元符號的數量取決於形式演算被如何締造。哥德爾在他的論文裡面僅只使用七個常元符號，爲了避免行文說明中產生某種程度的複雜性，本文使用了十二個。而兩者任一都是很好的。

表 2

常元符號	哥德爾數	慣常意義
~	1	非
∨	2	或
⊃	3	如果…則…
∃	4	存在一個
=	5	等於
0	6	零
s	7	的緊鄰後繼者
(	8	標點符號
)	9	標點符號
,	10	標點符號
+	11	加
×	12	乘

的中間路徑，介於確實空虛符號和確實有意義的同樣那些符號之間的途徑。現在我們對此加以說明。

表 2 裡面最右一欄給出各個別記號的“慣常意義”——人們由於俗成慣例傾向連結到記號上去的概念。鑒於定理的推導僅只依靠採用 PM 形式規則，而且絕不依靠對於這些記號任何可能代表的考慮，終究 PM 的記號完全不具意義。在這種意味之下，PM 所容納包含的獨有空洞無意義的符號。但是羅素和懷黑德所給予形式數學和邏輯的目標想要使他們的形式演算表現起來盡可能和它們俗成慣例的解釋一致。也

因此 PM 的推論規則是以帶有一種目的來加以設計；要使得每一記號配得它們慣常、俗成慣例的意義。

具體地說：是甚麼造成無意義記號‘0’配得“零”的解釋，無意義記號‘+’配得解釋爲“加”，而不是，比如說，反之亦然？還有，甚麼原因使得我們感覺被說服來相信，那服從一定形式規則、僅只是彎彎曲曲線條的波形符號‘～’眞實地代表那抽象概念“非”？

概括地說，答案在於，一個記號的解釋視該符號在 PM 的定理內部的作用表現如何而定（以及這接下來視 PM 的公設和推論規則而定。）因此，舉例而言，如果我們能夠經由依照形式系統的規則推導出諸如‘0 + 0 = 0’，‘0 + s0 = s0’，以及‘s0 + s0 = ss0’等定理，我們或許可能開始獲得信心，相信‘0’所表現的如同人們期望於零這記號所要表現的，以及‘=’所表現的是正如同人所期望的等號所要表現的，而且‘+’所表現的正如同人期望於加這記號所要表現的。同樣地，如果‘～(0 = s0)’，‘～～(0 = 0)’以及‘～(ss0 + ss0 = sss0)’這些符號串全都是 PM 的定理，則我們將獲得信心，相信‘～’作爲一記號，其*自然*的解釋是爲‘非’。在這種方式下，諸定理集體訂定它們的組成符號的意義。（或更爲專技的說法，它們的記號的解釋。）

然而，僅只少數一些定理，提示對於一組記號的可能的或看起來合理的解釋，這距離超脫懷疑的陰影而被說服來相信說這些解釋是絕對可靠而値得相信，則尚有一段遙遠的距離。爲此，我們要來看到被諸定理所捕獲的大的事實眞理族群。

爲了把記號的標準解釋關鎖在形式系統的 PM 之內。哥德爾在他 1931 的論文的命題 V 指出：存在著一 PM 的定理的無限集合，其中每一個如果依照上述慣常定義表列加以解釋，則將表述唯一算述事實眞理，同時反過來，存在著一算術眞理的無窮集合（*“原始遞歸”* Primitive recursive 的那些個），其中每一個如果經由上述的表列被轉化入於一種形式陳述語句。則將產生一PM的定理[18]，此一諸事實眞理和經解釋的諸定理之間高度系統性符合立即指明兩件事；它不僅確認 PM 作爲對於數論的一個形構系統的力量，它並且爲各個以及每一記號訂定俗成慣例的解釋。

簡而言之，哥德爾令人信服地證實了 PM 的諸記號的的確確配得上如同表 2 第三欄裡面所展列出的它們的“意義”，現今哥德爾的關鍵結論也就是爲人所知的“符應預備定理”，這名稱源自於其確認的雙層的符應事實，——首先，因爲每一原始遞歸的事實眞理命題當被編碼成爲形式演算的記號串時是爲一定理。其次，在一對一的基礎上，那諸形式記號配得上它們想要的解釋。於此可見事實眞理和義意是如何難分難解相糾結的方式。

除了常元符號之外，三種變元（數）符號出現在 PM 裡面；*數字變元*（變數）‘x’，‘y’，‘z’等等，這些可

---

⑱ 諸原始遞歸事實眞理的無限集合包含所有正確的加，所有正確的乘，以及大量各種各樣的陳述語句如“17 是第 7 個質數”，“21 不是一質數”等等。所有原始遞歸的事實眞理產生 PM 的定理的此一事實，保證了我們指派給 PM 的符號的意義是配得上的。

以由諸數字（如‘ss0’）以及數字表式（如‘x + y’）加以取代（代入），語句變元‘p’，‘q’，‘r’，等等這些可以由公式（語句）加以取代（代入）；還有述詞變元‘p’，‘Q’，‘R’等等。這些可以由述詞，如“是爲質數”或“是大於”加以取代（代入）。（舊版內容：常元基本符號之外，還有三種的變元（數）出現在演算的基本主要詞彙裡面，數字變元‘x’，‘y’，‘z’，等等可以用數字以及數字表式來加以取代……），這些變元是依照下列規則被指派哥德爾數：(i) 對每一不同數字變元結合以一個不同的，大於 12 的質數。(ii) 對每一不同語句變元結合以一大於 12 的質數的平方。(iii) 對每一不同述詞變元，結合以一大於 12 的質數立方。下表例釋說明這些規則：

表 3

數字變元	哥德爾數	一種可能的代換例子
x	13	0
y	17	s0
z	19	y
數字變元被結合以大於 12 的質數。		
語句變元	哥德爾數	一種可能的代換例子
p	13^2	0=0
q	17^2	(∃x)(x=sy)
r	19^2	p⊃q
語句變元被結合以大於 12 的質數的平方。		

述詞變元	哥德爾數	一種可能的代換例子
P	13^3	x=sy
Q	17^3	～(x=ss0×y)
R	19^3	(∃x)(x=y+sz)
述詞變元被結合以大於 12 的質數的立方。		

接著，考慮一屬於 PM 的公式——例如，‘(∃x)(x=sy)’。（字面直譯，這讀作：‘存在一 x，使得 x 是為 y 的緊鄰後繼元素’。以及它說，實際上，無論變元 y 正好代表甚麼數，它都有一個緊鄰後繼者。）被結合給它的十個組成的基本符號的數分別為：8,4,13,9,8,13,5,7,17,9。我們將這圖式化地展列如下：

(	∃	x	)	(	x	=	s	y	)
↓	↓	↓	↓	↓	↓	↓	↓	↓	↓
8	4	13	9	8	13	5	7	17	9

無論如何，指派一個單一的數給一公式而不是一系列的數是非常重要的，幸運的是這很容易可以做到。我們同意以唯一的數來結合在一公式上面，該唯一的數是為依大小順序頭十個質數的乘積；其每一質數被提升到一個次方指數，該次方指數相等於該質數所對應符號的哥德爾數，這公式相應地與下列這數相結合：

$$2^8\times 3^4\times 5^{13}\times 7^9\times 11^8\times 13^{13}\times 17^5\times 19^7\times 23^{17}\times 29^9$$

讓我們稱這個非常巨大的數為 m。依同樣方式，一個單一的哥德爾數——多少符號就有多少依次相繼的質數，每一質數被提升指數使該指數等於該相應符號的哥德爾數。其乘積所得的數——能被指派給每一基礎符號的有限序列。而且，特別是指派給每一公式⑲。

最後，細想一公式*系列*，就如發生於一些證明裡面的——例如系列：

$$(\exists x)=(x=sy)$$
$$(\exists x)=(x=s0)$$

這些公式中的下面一式經翻譯之後，讀作：‘零有一個緊鄰後繼者’（或譯為緊鄰後繼元素）；它可以經由 PM 推

---

⑲ 基礎詞彙裡面不曾出現的符號有可能出現在 PM 裡面，這些要藉助於諸初基符號來定義而被引介。舉例而言，符號‘·’被用作為‘與’的一個簡寫的語句連詞可以被定義如下：‘p · q’是為‘～(～p∨～q)’的簡略。要指定甚麼哥德爾數給如此一個被定義了的符號？答案非常明顯，不足為奇；只要我們留意到；諸包含有被定義了的符號的表式能夠被去除而代之以（讓位給）他們定義上等價的符號表式，而且明顯的是，我們可以為這改變後的表式定下一哥德爾數。於是公式‘p · q’的哥德爾數將僅僅只是公式‘～(～p∨～q)’的哥德爾數。同樣地，十進位制的數字能夠經由定義被引介為如下：‘1’為‘s0’的簡略，‘2’為‘ss0’的簡略，‘3’為‘sss0’的簡略等等。為了獲得公式‘～(2=3)’的哥德爾數，我們去除那被定義了的符號，於此得到純粹 PM 公式‘～(ss0=sss0)’。據此我們依從於文中所說明的規則來決定其哥德爾數。

論規則裡面的一條、從上式中機械地被推導出來。該推論規則說用任何數字表式（此處爲數字‘0’）來代換數字變元（此處爲變元‘y’）是合理有效的。[20]

我們已經定下上式的哥德爾數爲 m，現在，讓我們假設 n 爲下面一式的哥德爾數，如前所述，重要的是，要以一單一的數，而不是一系列的數來作爲任一給定公式系列的標籤。因此，我們因而一致同意以一個數來結合這一特殊公式系列，這個數是爲按大小順序排列的頭兩個質數（即質數 2 和 3）的乘積；每一質數被提升指數到等於系列中相符應的哥德爾數。（“我們因此約定對于這個特定的公式序列，其哥德爾數是按序排列的頭兩個質數（即質數 2 和 3）的乘積，其中每個質數各加一指數、它是公式序列中對應公式的的哥德爾數。（”譯者重述）於是，如果我們稱這數爲 k，我們能夠寫成 $k=2^m \times 3^n$，藉著運用這簡單程序，我們能夠爲任何公式系列得出一個數。總結而言之，在 PM 形式系統裡面的每一表式——無論它是一個初基符號、一符號系列，或一如此諸系列的一個系列——都能被指派以一單一哥德爾數。

---

⑳ 讀者可回想，我們把一證明定義爲一有限公式系列，其中每一公式或者是一公設或者能夠藉助於 PM 的形變規則從排成系列的在前的公式中推導出來。依照這個定義，上述系列不是一個證明，因爲其第一個公式不是一個公設，而且它被從諸公設推導出來的過程也沒有被展示出來。這系列僅只是一個證明的一短短片斷，要寫出一個證明的完整的例子，所需篇幅太長了，爲了例示說明的目的，上面的例子就足夠了。

到目前爲止，我們所作到的是將形式演算加以“算術化”建立一方法，這方法實質上是一套方法說明，用來從事一對一符應作業，在演算裡面諸表式和一特定正整數的部份集合[21]之間的一對一符應。一旦一表式被給定，唯一和它符應的獨一的哥德爾數就能夠被計算出來。

但是到此爲止故事只講了一半，一旦一個數被給定，我們就能夠判定它是否爲一哥德爾數。同時，如果它是，則它所代表的確切的表式就能夠從它身上被找回。如果一給定的數是小於或等於 12，那麼它是爲一初基常元符號的哥德爾數。使用表 2 可以將這符號確認出來。如果這數是大於 12，它只能以恰好一種方式被分解成爲它的諸質因數（的積）（如同我們從一有名的數論的結論中所獲知的那樣）[22]。

㉑ 並不是每一個正整數都是一哥德爾數。例如，100 這個數，既然 100 大於 12，它不可能爲初基常元符號的哥德爾數。而且既然它既不是一大於 12 的質數，也不是如此一質數的平方，或立方，它不能爲任何類型的一個變元的哥德爾數。將 100 加以分解成它的諸因子，我們發現，它等於 $2^5 \times 5^2$。同時，我們看到質數 3 沒有以作爲一個因子在這因子分解中出現，而是被跳過了，根據已經判定的規則，無論如何，一公式的（或一公式系列的）哥德爾數必須是爲一依相繼質數的乘積，其中每一個升到某一次方。然而，100 並不滿足此條件，簡而言之，100 並不經由哥德爾數碼的規則映射到任何常元符號、變數符號或公式上面。也因此，100 不是一哥德爾數。

㉒ 此一結果是爲人所知的算術基礎定理，它陳述說；如果一個整數是一合成數（即：不是質數），它可被分解爲一唯一的帶有關連指數的諸質因數（的乘積）。

如果它是一大於 12 的質數，或者是如此質數的二次方或三次方，則它是為一可識別的變元的哥德爾數，而且最終如果它是為依次相繼諸質數的乘積，每一質數提升到某次方，它可能或則為一公式或則一公式系列的哥德爾數，既然如此，它所符應的表式就能夠確實地被判定。依循這程序，我們能夠將任何給定的數加以拆解，（好像它是一部機器一樣，找出它是如何組構而成，清點其零件，同時，既然它的每一成員符應於它所符應的表式的一個成員，我們就能夠重新建構這表式，分析它的結構，等等。表 4 乃就一樣品正整數作例釋說明；我們如何確定它是否為一哥德爾數，同時，如果是的話，它所表徵的表式是什麼。

用來表述“零等於零”這個觀念的 PM 的公式有哥德爾數 243,000,000。當我們從 A 往下到 E 讀，這表例指出，一個數是能夠被如何翻譯進入它所代表的表式，當往上讀上去，它指出如何計算出那代表一給定公式的數。

表 4

A	243,000,000
B	64×243×15,625
C	$2^6 \times 3^5 \times 5^6$
D	6 5 6 ↓ ↓ ↓ 0 = 0
E	0 = 0

B 後設數學的算術化

哥德爾的下一個步驟是一種新穎獨特精巧的映射的應用。他證明對於形式演算裡面其表式的結構性質的所有後設數學陳述語句都能夠被精確地映射（鏡映）進入該演算本身之內。隱含在他的程序步驟裡面的基礎觀念在於：既然 PM 裡面每一表式都關連到一特殊的（哥德爾）數，則對於形式表式以及他們之間印刷排字上關係的一後設數學陳述語句就可以被理解爲對於符應的（哥德爾）數和這些數它們彼此之間算術關係的陳述。如此一來，後設數學成爲完全地*"算術化"*。舉一個微不足道平常事作一類比來說明：當顧客進入一繁忙的超市，他們往往被發給印有號碼的票卷。這號碼的順序決定了顧客在肉攤櫃台被接待服務的順序。只要檢視那號碼就很容易知道，多少人已經被服務過，多少人正在等候，誰在誰前面，前面相距多少人，等等。例如納格爾先生領到 37 號，而紐曼先生領到 53 號，不必要向紐曼先生解釋說他必須等在納格爾先生後面才輪到他，我們只要指出來說：37 小於 53 就可以了。

在後設數學裡面也如同在超市一樣，說得具體一點，後設數學問題的探索可以經由探索某特定（相當大的）整數的算術性質及其關係來加以取代（或間接地）進行。我們將看到每一個關於具有符號串以及它們如何地在*印刷排字*上相互關係的後設數學陳述語句（例如：三特定公式所成系列構成了第四特定公式的證明。）符應於每一陳述語句：關於那諸符號的哥德爾數以及那些哥德爾數之間*數學上相互關係的陳述*。（每一符號串的後設數學陳述語句符應於對於該符號串的哥德爾數的陳述語句，諸符號串如何*印刷排列*關係的後設數學陳述語句符應於那些哥德爾數彼此算術關係的陳述語句——譯者重述——）*

我們藉著一非常基本簡單的例子來例釋說明上述這些普遍性大致的說法。細想一下，單純的公式‘～(0 = 0)’表述了公然的謊言，說零不等於它自己本身。現在我們做出一眞確的後設數學觀察，這公式的第一個符號是爲波形號‘～’（即邏輯與數學上的否定號—譯者），感謝哥德爾數碼法，假如後設數學的確能夠如實映射進入整數及它們的性質的區域裡面。那麼，必然地，此一眞確觀察結果必須映射於一眞確的數論的斷言上面。問題在於；是哪一個？要找出這答案，我們首先需要的是問題中的哥德爾數——即，$2^1\times3^8\times5^6\times7^5\times11^6\times13^9$，該數我們即稱之爲‘a’——顯然地，我們正在找尋的陳述語言是有關於這巨大的數分解所成的諸質因數，特別是此一斷言；說在的質數因數分解裡面，其最小質數（即，2）的指數是 1。換言之，所求有關諸數的斷言爲：‘2 是 a 的一個因數，但 2^2 不是 a 的一個因數’。

* 這一段文字修訂版和舊原版不同，舊版爲：如同超市裡面的情況；後設數學裡面也是如此，每一個後設數學陳述語句是由算數裡面一個獨一無二的公式所表徵，後設數學陳述語句之間的邏輯相依關係是完全被反映在他們的符應的算術公式之間數字相依關係裡面。再重複地說，映射方便進入結構上的探討；對於後設數學問題的探討能經由探究某特定整數的算術性質與關係來進行。（譯者說明）

我們已經發現用數論的方法來言說我們公式的第一個符號是爲波形號。那是一關鍵的步驟。但是下一個步驟是同等的重要，而且它在於將此一英語的非形式陳述語句轉化成 PM 的形式串裡去。我們要如何以 PM 的符號標記法來表述述語‘x 爲 y 的一個因子’？這幸好非常容易，那就是將該述語重述爲‘存在一數 z 致使 y 等於 z 乘以 x’—— 它直接引進到 PM 公式‘$(\exists z)(y = z \times x)$’上去。在我們的實例裡面，我們必須用到這述語兩次，其中一次前置以波形號：

$$(z)(sss...sss0 = z \times ss0) \cdot \sim(\exists z)(sss...sss0 = z \times (ss0 \times ss0))$$

出現在此處兩列的長數目字當然必定確確實實地含有 a 數目個數的‘s’的拷貝，注意那中間處的點表示的是‘並且’的概念。（見註腳 19）因此我們的公式非常字面上地言說了‘存在一數致使 a 等於乘以 2，同時不存在任何數，致使 a 等於乘以 2×2 的數量’。

儘管有點沉悶乏味，這公式乃建構了 PM 的表述方式，表述了一單純的後設數學斷言，那是屬於自己諸公式中另一公式頭一個符號的特性的斷言。不要去在意上述的公式，如果全部寫出，將會是不可想像的巨大，儘管其天文數字比例上的巨大，概念上它是一個非常單純的公式。再者，既然那算術述語‘x 是 y 的一個因子’爲原始遞歸的（讀者必須信賴這一點），相關的補助定理確保了上述這一符號串表述了關於數的事實、是爲 PM 的一個定理。

簡而言之，存在著一個 PM 的定理，該定理是眞實後設數學陳述“‘$\sim(0 = 0)$’的開頭首位符號爲波形號”的翻譯。我們因而看到 PM 是如何實際上能夠如實地言說到自身（即：以後設數學諸事實反映成 PM 的諸定理。）如此的第一個實例，首先要感謝的是哥德爾數編碼獨創精巧的映射設計，同時第二要感謝的是那相關的補助定理保證了諸符號配得上它們的意義。

上面所提供極度單純的實例，例示說明了一非常普遍而深入的對於哥德爾的發現的核心的洞徹理解。長串符號鏈的印刷排字上的性質能夠以一種間接但完美精確的方式來加以談論——代之以巨大整數質數因子化性質來論述。這也就是我們所言說的“後設數學的算術化”的意思。當我們把這想法和 PM 裡面的算術（即數論）的形式化的想法相結合起來，我們就抵達了 PM 裡面後設數學形構化的構想了。

現在讓我們把我們的注意轉向一個更爲複雜的後設數學陳述語句型態；哥德爾數爲的公式系列是哥德爾數爲的公式（在 PM 裡面）的一個證明。藉助於後設數學的算術化，經由對於 x 和 z 兩數之間純粹數字上關係的陳述，某些特定符號串之間其印刷排字關係的陳述被反映入於數論內部。（經由回想上述的例子我們得以在對數字關係的複雜性的理解獲得增進，上述例子中哥德爾數 $k = 2^m \times 3^n$ 是被指定給予那（片斷的）證明的。而其結論——即最後一列——具有哥德爾數 n。稍微加以省思即可看出此處證明的哥德爾數 k 和結論的哥德爾數 n 兩者之間存在著確定但絕不簡單的算術關係。）我們要用縮寫形式‘dem(x,z)’來指稱 x 和 z 之間的算術關係，印刷小寫字母‘dem’被挑選來提醒我們這數論的關係所符應的後設數學關係——即‘哥德爾數爲 x 的公式

系列是 PM 裡面哥德爾數爲 z 的公式的一個證明（即一個演示論證證明 *demonstration*）。'

注意，dem 所指稱的數字上的關係蘊含地依賴於 PM 的所有公設和推論規則。假如我們要以某種方式修改一下 PM，則那“證明”的概念將稍微不同。同時當然它將映射到一稍微不同的數字關係上去，但是仍然非常相似於 dem，同時也會像 dem 在 PM 中所起的作用一樣在改變後的系統中起作用。

在他的論文裡面，哥德爾花費很大的力氣來說服他的讀者說 dem(x, z) 是數 x 和數 z 之間一原始遞歸關係，並且從這個事實（這我們將信賴而接受），結果是，經由哥德爾的相關補助定理，存在著一個 PM 的定理以形式符號表述了這關係。我們要用縮寫形式‘Dem(x, z)’來表述此一關係，用大寫的 D 來標示其形式性質。

小心地留意‘dem(2, 5)’固然是一關於整數 2 和 5 的有意義的陳述語句（有意義的，但卻是明明白白的虛假謬誤，因爲 2 不是任何證明的哥德爾數，而且 5 也不是一完整公式的哥德爾數。），它的形構對應部分——‘Dem(ss0, sssss0)’——僅僅只是 PM 的一符號串。也因此，嚴格地說起來它既不眞亦不假只是純然地無意義[23]。哥德爾的相關補助定理再次浮現眼前，它爲我們保證對於數論述語 dem(x, z) 任何眞實實例、同時就存在著‘Dem(sss...sss0, sss...sss0)’這形式的一個定理，而由一個個 s 接起來的第一串，其長度由 x 個數的 s 所構成，第二串長度是由 z 個 s 所構成。

㉓ 舉一個較簡單的例子來說，我們討論中形式和非形式兩個層級上的關鍵性區別，想想看算數斷言“二加二不等於五”。它不是 PM 的一串符號，只是中文裡面的一個陳述語句而且它碰巧是眞的，它可以被寫成更為簡明如‘$2 + 2 \neq 5$’，但這仍是非形式化的，而且它的構成符號被認為具有意義的，它有一形式形對應物，——‘～(ss0 + ss0 = sssss0)’——然而，嚴格說起來，它只是一串空洞的符號。也因此，既不眞亦不假，只是沒有意義。另一方面，加法為原始遞歸的，相關補助定理使我們確定這公式是 PM 的一個定理，有時我們不太精確地說到一個 PM 的公式，就如前面這個，是眞的（或假的），意指它所表述的算術陳述是眞的（或假的），按這寬鬆的用語，‘～(ss0 + ss0 = sssss0)’就會是眞的。

一個更為複雜的例子涉及到質數的概念，讓我們用‘pr(x)’來指稱數論述語‘x 是質數’。於是宣稱“九是質數”的這個（假）陳述語句將是‘pr(9)’。這並不是 PM 的一串符號，而僅只是中文語句的便利簡稱。然而，PM 裡面有‘pr(x)’的一個對應物，我們甚至同時可以將它展示為：‘～(∃y)(∃z)(x = ssy×ssz)’（確定的是，這只是 PM 裡面表述質數的很多可能方式之一，讀者本身應該要確定他們自己了解何以此一特定公式成立）。我們能夠用帶有大寫 P 的‘Pr(x)’來指稱這公式，於是那假斷言說九是質數在 PM 裡面會被表述為‘Pr(sssssssss0)’，請留意，如果寫出它所代表的完整的公式，那會是‘～(∃y)(∃z)(sssssssss0 = ssy×ssz)’，既然質數性是為原始遞歸，則相關補助定理為我們確認那符號串。‘～Pr(sssssssss0)’——它僅只是‘～～(∃y)(∃z)(sssssssss0 = ssy×ssz)’的一種速寫——是為 PM 的一個定理。

PM 裡面公式‘Dem(x, z)’的存在揭示我們某些至爲關鍵的事項：藉由 PM 的規則，“如此這般”演證了如何如何的此形式的後設數學斷言被忠實地反映在 PM 的定理之內。同一理由“藉由 PM 的規則，如此這般並不演證出如何如何”形式的每一眞確後設數學陳述是被那如同慣常的具有 S 相續成串相稱個數的‘～Dem(sss...sss0, sss...sss0)’，形式的一個如 PM 定理所如實地反映，感謝哥德爾映射，我們再一次看到 PM 具有精確地談論自身的能力。

在我們能夠說明哥德爾論證的關鍵要點之前，一最後的特殊概念以及相應記號標記法的片斷必須先加以了解。我們且以一個舉例作爲開始；如同我們在幾頁之前所見到的；公式‘(∃x)(x = sy)’有一很大的數 m 作爲它的哥德爾數，而且式子裡面的諸變元之一具有哥德爾數 17。在我們的公式裡面，具有哥德爾數 17 的變元（即變數），假如我們用 m 這本身這數字來加以取代我們的公式裡面哥德爾數爲 17 的變元（即變元‘y’）用 m 本身這數字來加以取代，其結果將成爲極端長的公式‘(∃x)(x = sss......sss0)’其中成串的 s 由 m+1 個拷貝構成（翻譯成英文，這新的 PM 的符號串斷言說：存在一數 x，於致於 x 爲 m 的緊鄰後繼者 —— 或簡而言之，m 有一後繼者。）

這極長的公式本身有一哥德爾數，當然該數是非常地大，但是不管它有多大，原則上它能被絕對明確地計算出來，然而不去煩惱那計算的細節或它確切的結果，我們能夠單純地，以一種明確不含糊的後設數學方式，刻畫描述那作爲結果的數。它是一公式的哥德爾數，而該公式是獲取自具哥德爾數 m 的公式，經由用 m 本身代入哥德爾數爲 17 的變

元（變數）所得的公式。如此的特性刻畫描述，獨一無二地確定了一個特定明確的作爲數 m 和 17 的函數的正整數。㉔

㉔ 這函數很複雜，只要我們試圖將它更進一步細節上加以公式化制定說明，就可以顯露出它是如何的複雜，且讓我們試著如此的一個公式化的展示說明，但不要推進到那冷峻的最後部分。早先我們看到‘(∃x)(x = sy)’的哥德爾數 m 是爲 $2^8 \times 3^4 \times 5^{13} \times 7^9 \times 11^8 \times 13^{13} \times 17^5 \times 19^7 \times 23^{17} \times 29^9$。爲了找出用數字 m 取代變數‘y’的修改過的公式的哥德爾數，我們必須逐一檢視公式中每一符號，同時將相繼質數升到相應的次方指數。回想我們所關注的公式：‘(∃x)(x = ss......sss0)’，其中有 m+1 個‘s’拷貝，而各個別符號的哥德爾數爲：

8,4,13,9,8,13,5,7,7,7,7,7, ...7,7,7,7,7,6,9。

在這系列中，7 這個數出現 m+1 次，現在我們將相稱的諸質數一個一個升到這些次方的指數：

$2^8 \times 3^4 \times 5^{13} \times 7^9 \times 11^8 \times 13^{13} \times 17^5 \times 19^7 \times 23^7 \times 29^7 \times 31^7 \times ......(p_{m+10})^9$

（此處，p_{m+10} 是按大小順序排列的第 m+10 個質數。）

這個非常大的數，我們就名之爲‘r’，現在比較一下 m 和 r 兩個哥德爾數。前者包含有一質因數，升到了因子 17（因爲始初的公式包含有變數‘y’），而後者包含了 m 所有的因子之外，以及很多其他的質數因子，但是它們之中沒有一個被升到 17 次方的。因此，r 這個數可以從 m 這個數中得出。方法是，m 裡面升到第 17 次方的質數因子由其他升到各種次方的異於 17 次方的質數來取代，就可得出 r。除非引介大量附加的標記符號裝置，要確實而且完全細節地說明，r 是如何眞正地關聯到 m 是不可能的；在哥德爾的論文裡面這卻是做到了。然而，但願我們此處所說的已足夠說服讀者相信 r 這個數是 m 和 17 的一個妥善定義了的函數。

把一符號串自己的哥德爾數代入這符號串自身本身（同時取得這結果的哥德爾數）的這種，表面上相當迂迴的想法，如同我們即將看到的，它是哥德爾關鍵洞見之一，同時他再度花費極大的努力來說服他的讀者，這函數以其之爲原始遞歸，它是足夠明確直截了當地可計算的，因而被歸入在相應補助定理的範圍之內，我們要用‘sub(x, 17, x)’這記號來指稱那新的哥德爾數，它是作爲舊哥德爾數 x 的一個函數。雖然如此做法需要又長又拗口的言詞，可是我們能夠確切定下這個數是什麼：它就是，經由取哥德爾數爲 x 的公式，同時，在那公式裡面，無論何處只要有變元‘y’出現就用作爲 x 的數字來代換它們，所得公式的哥德爾數。[25]

---

[25] 或許有人會問到；爲什麼在剛剛提到的後設數學的界定描繪裡面，我們說用來取代（代入）某特定變元（變數）的是“作爲 x 的數字”而不是“數 x”、答案如所討論過的，在於數學和後設數學之間的區別，同時需要對於數與數字之間的不同的一個簡要的闡釋說明。一數字是一記號，是一語文表式。某種人們可以寫下來，擦掉，拷貝等等。另一方面，一個數是那數字所命名或指稱的，而且是不能眞正被寫下來、擦掉的等等。因此，我們說十是我們的手指頭的數，作這陳述時，我們把一特定“性質”歸給我們的手指頭這個類：但是如果把此一性質說成是一數字，那將顯然無疑地荒謬。復次，十這個數是被阿拉伯數字‘10’所命名，而且也被羅馬字母‘X’所命名。這些名稱不同，雖然他們命名了相同的數。簡言之，當我們爲一數字變元（其爲一字母或符號）作一代換時，我們是置放一符號代替另一符號，我們不能實在地用一個數去代換一個

已知哥德爾的 sub 函數（代換函數）是一原始遞歸函數，則在 PM 裡面存在某一完全精確地映射（鏡映）它的形式表式[26]，同時我們將把這表式縮寫爲‘Sub(x, 17, x)’，在非形式算術概念和它形式上的印刷排字的對應物兩間之間畫下其至關重要的決定性的區別，如同我們前面所做的一樣── 即藉著分別使用小寫字首字母和大寫字首字母來加以區別。你必須牢記在心，儘管‘Sub(243,000,000, 17, 243,000,000)’指稱一個*數*（即大小等級或數量）[27]。然而，

符號。因爲一個數是一概念（同時有時被說成爲一種類的抽象性質。）而不是某些我們能夠放置在紙上的東西。因此，當在代換公式裡面的一數字變元（變數）時，我們只能插入一數字（或某些數字表式，如‘0×0’或‘ss0+sss0’），而不是一個數。這解釋了爲什麼在對於 sub 函數（代換函數）作後設數學刻畫描繪中，說明到，我們要用作爲（數）x 的數字來代換變元‘y’的存在，而不是用數的本身，不去管奮力於此類語文上的精準性，我們能夠自在輕快地言說；將一個數代入一公式裡面的一個變元，有時如此鬆散的言語方式實際上反而比較清楚明瞭。

㉖ 嚴格地說起來，這相應補助定理通用的對象並不是函數 sub，而是述詞‘z = sub(x, 17, x)’；然而，此一區別是一如此不重要的細節，僅只值得加以註腳說明即可，順便一提，此一細節和註腳 28 裡面所提論點有關。

㉗ 讀者或許納悶，假如哥德爾數爲 x 的公式碰巧不含有哥德爾數爲 17 的變元，則‘Sub(x, 17, x)’所指稱的數是什麼一也就是說，如果原始公式無論何處都不含有變元‘y’，那麼 sub(243,000,000, 17, 243,000,000) 是爲一公式的哥德爾數，而該公式是如此製造（made from，不是 made of 譯者。）出來的：從哥德爾數爲

縮寫‘Sub(243,000,000, 17, 243,000,000)’所指稱的卻是 PM 裡面的一符號串，而且，雖然嚴格講起來那符號串是無意義的（當然，就如同 PM 裡面或任何其他形構系統裡面所有的符號串一樣）。然而把它想成爲具有意義是方便的，因爲它爲某特定的相當糾纏複雜的算術演算扮演其形式表徵。這很像‘無意義’符號串‘ss0+ss0’扮演爲 PM 裡面作爲正好就是那個簡單的演算“二加二”的表徵（也因此爲概念“四”的表徵，儘管更加間接了[28]。

243,000,000, 的公式中將數字‘sss0......sss0’（含有 243,000,000, 個‘s’的拷貝）代入裡面變元‘y’（取代掉‘y’）所製造出來的公式。可是如果你查閱表 4，你將看到 243,000,000 是符號串‘0=0’的哥德爾數。而這一串並不含有‘y’。那麼，從‘0=0’中，用給定的數字代入（取代）‘y’所得的公式又是什麼？答案很簡單，既然公式‘0=0’不含有‘y’，就不能做任何的代換（取代，代入），因此，更改調整了的公式正就是這公式的本身，原樣不動。因此，被 sub(243,000,000, 17, 243,000,000) 所指稱的數正好就是 243,000,000。

[28] 就某種意義而言，例如‘s0=ss0’，‘(∃x)(x = sy)’，以及‘Dem(x, z)’幾個例子都是公式，讀者可能爲‘Sub(x, 17, x)’是否爲 PM 的一個公式感到困惑。答案爲否定的，理由如下述；符號串‘s0=ss0’之所以爲一公式，原因在於它斷言了兩個數之間的關係，也因此能夠被歸給眞實性或虛假性。（眞假値——譯者）類似的情形，當符號串‘Dem(x, z)’裡面，其變元被數字所代入（取代）時所得結果公式表述了關於兩個數的算術陳述語句，同時此一陳述語句非眞即假。非常相似的情況見之於‘(∃x)(x = sy)’。另一

C 哥德爾論證的核心

終於我們配備了足夠的能力來扼要地領會哥德爾的主要論點。我們將以整體一般性的方式來列舉其步驟，以便讓讀者鳥瞰整體步驟先後系列。

哥德爾演證出 (i) 如何建構一 PM 的公式使表徵後設數學陳述語句：‘運用 PM 的規則，公式 G 是不可證明的’㉙。此一公式因而外顯地說到*自己本身*說它是不可證明的。到某種程度上，G 是以類似於理查悖論的方式被建構，在該悖論裡面，表式‘理查性’是被連結到某一特定的數 n，同時語句‘n 具有理查性’被建構起來。在哥德爾的論證裡面，公式 G 照樣地被連結到某特定的數 g —— 即它的哥德爾數 —— 同時，公式 G 是被如此建構出來的，它被建構成說（G 說—譯者）‘具有哥德爾數 g 的公式是不可證明的’。

但是 (ii) 哥德爾同時指出：G 是可證明的，若且唯若它的形式否定～G 是可證明的話，論證裡面此一步驟再度類似於理查詭論裡面的步驟，在該詭論步驟證明了 n 具有理查性

方面，當一個數字被用來代入（取代）符號串‘Sub(x, 17, x)’裡面的‘x’，得出結果的一串並不斷言任何事情，也因此不能被指定以一眞假值。基於這理由，‘Sub(x, 17, x)’不是一公式。就如符號串‘ss0×sssss0’一樣，它僅只*指稱*或*命名*了一個數，藉著將它描繪成爲其他一些數的特定*函數*來加以指稱或命名。

㉙ 從現在開始，無論何時，當我們寫“可證明”一詞而沒有進一步的修飾語，則它必須永遠被視爲意指運用 PM 的規則“可證明的”（同時與“視爲 PM 的一定理”是同義的。）

若且唯若 n 不具有理查性。無論如何，假如一公式以及它自身的否定兩者同時爲形式上可證明，則 PM 即爲不一致的。因此，假如 PM 是一致的，則既非 G 亦非～G 能夠從諸公設被形式地推導出來。簡而言之，假如 PM 一致，則 G 是*一形式上不可決定*的公式[30]。

哥德爾接著證明了 (iii) 儘管 G 不是形式上可證明的，不過它卻是一*眞確*的算數的公式（參閱附註 23 裡面關於鬆散說法的評述）。G 是爲眞確乃鑒於它宣稱說：由哥德爾所定義某特定算術性質不爲任何整數所擁有——而且，正如哥德爾所指出，的確沒有任何整數擁有此一性質。

步驟 (iv) 是在於領會，既然 G 既爲眞確的，又是（在 PM 裡面）形式上不可決定，則 PM 必定爲*不完備*。換句話說，我們無法從 PM 諸公設以及諸規則演繹導出所有算術的事實（眞理），更且，哥德爾確證了 PM 是*本質上*不完備；即使使用附加的諸公設（或諸規則）來擴張 PM，使得眞確的公式 G 在這擴大了的演算裡面能夠被形式地演繹推導出來。則接下來的是；另一公式 G' 將能夠以一種恰好類似的方式被建構出來。而且 G' 將是爲在擴大了的演算中形式上不可決定的。不用說，這已經擴大了的演算的進一步擴大來容許 G' 的演繹推導將只不過依然導致另一公式 G" 在這雙重擴大了的系統裡面不可決定的。——等等，無止盡地下去。

---

[30] 斷言某一公式 x 是“形式上不可決定的”如同哥德爾的論文標題裡面所見（或單純地簡略爲“不可決定的”）意指：在所關注的形式演算裡面，既非 x 亦不是其否定～x 是可證明的。

這就是“本質上不完備”的意義。

在步驟 (v) 裡面，哥德爾描述如何建構一個那表徵後設數學陳述語句：‘PM 是一致的’公式 A，同時，他指出公式‘A⊃G’是 PM 裡面可形式地證明的。最後他指出；公式 A 在 PM 裡面是不可證明的。依此而來，其必然的結果是；PM 的一致性無法被任何邏輯推理的連串系列證實——能夠在 PM 自己本身所建構的形式推理系統內部被鏡映的邏輯推理的連串系列所證實。

值得繼續說明的是；哥德爾嚴重關切他的結論的普遍通則性。這也就是何以在他論文的標題裡面，他明白說明他的結論不僅有關羅素和懷黑德，同時也有關於“相關的諸系統”。在他論文的結尾，他寫下“貫穿整個論文，我們實際上已經把自己限定於 PM 系統，而且僅只示意其對於其他系統的適用。在接下來的續篇裡面將以更爲充分的普遍通則方式就諸結論加以說明以及證明”。哥德爾事實上擔心，由於他論文的震驚值（效果），眾多人們或許會懷疑其邏輯正確性。也因此他想用續篇來支撐他的論證。然而，事實顯示，他的論文是寫得如此令人信服，以致於其結論很快地被接受，因而排除了任何對於續篇的需求。因此，事實是；哥德爾的成果不是由於那獨特的 PM 系統裡面某些奇特的缺陷所導致，而是它們適用於任何吸納了包括加與乘在內基數的算術性質的任何*系統*。

現在，我要更爲充分地來開始討論哥德爾的論證。

(i) 公式‘Dem(x, z)’已經被定義。它在 PM 裡面反映（表徵）了後設陳述語句‘具有哥德爾數的公式系列是爲哥德爾數爲的公式的一個證明’。現在，讓我們在這公式前面前置以一存在量化詞如下：‘(∃x)Dem(x,z)’。它的譯釋很易懂；‘存在一公式系列（哥德爾數爲 x）它構成哥德爾數爲的公式的一個證明’。更精簡的譯釋：‘哥德爾數爲 z 的公式是可證明的’。（我們提醒讀者；在這脈絡裡面，語詞‘證明’和‘可證明的’始終與形式系統 PM 相關連。）

假如我們在這公式的首端前置以波形號（否定號），以此建構其形式否定，我們得出：‘~(∃x)Dem(x, z)’。此一公式建構成了 PM 裡面一形式改述（釋義），是爲後設數學陳述語句：‘哥德爾數爲 z 的公式是不可證明的一形式釋義’——或者，換另一種說法，‘無法爲哥德爾數爲的公式引申舉證任何證明’的一形式釋義。

哥德爾所證明的是，此一公式的某一個特殊實例是形式上不可證明的，我們就從如下公式 (1) 開始來建構這一特殊實例。

(1) $\sim(\exists x)\ \mathrm{Dem}\ (x, \mathrm{Sub}\ (y, 17, y))$

這公式屬於 PM，但是它具有一後設數學的詮釋。問題是，那一個詮釋？讀者應回想；表式‘Sub(y, 17, y)’指稱一數，這數是一公式的哥德爾數，該公式是得自於哥德爾數爲 y 的公式，用 y 這數字代入（取代）式中哥德爾數爲 17 的變元（即所有字母‘y’的出現處）[31]。因此，明顯的是 (1)

---

[31] ‘Sub(y, 17, y)’雖屬 PM 一表式卻不是一公式，只是一名稱函數以辨認一個*數*（見附註 28）認清這件事是至關重要，如此辨認出

列上面的公式反映（表徵）了後設數學語句：哥德爾數爲 sub(y, 17, y) 的公式是不可證明的。儘管這是一個招惹人的語句，但它仍然是未定的與不明確的，因爲它仍然包含有變元‘y’。要使它確定下來，我們必須有一數字來代替一變元。該挑選甚麼數字？這裡我們要聽取哥德爾的說法。

既然第 (1) 列上面的公式屬於 PM，則它有一（非常大）哥德爾數，該數原則上是可被計算出來的。幸運的是，我們不需要眞的計算它（哥德爾也不去計算它）；我們只要單純地用字母‘n’來稱呼它的數值即可。現在我們開始著手進行用數來代換（取代）掉公式 (1) 裡面變元 y 的每一出現。（更精確地說，用指稱數 n 的*數字*。）該數字我們將樂於寫成‘n’，正如我們將會寫成‘17’而心照不宣地眞實意指‘sssssssssssssssss0’這將得出一新公式，我們要把這公式稱之爲‘G’：

(G) $\sim(\exists x)\ \mathrm{Dem}\ (x, \mathrm{Sub}\ (n, 17, n))$

這是我們所預示與承諾的公式。因爲它是 (1) 列上面公式的一個特別化，其後設數學意義是單純的爲：‘哥德爾數 sub(n, 17, n) 的公式是不可證明的’。如今它裡面不留下任

來的數將是爲一特殊公式的哥德爾數。或者，更明確地說，如果‘y’不是一變元，則它將是爲一特定公式的哥德爾數。由於‘y’是爲一變元而且不是一數字，表式‘Sub(y, 17, y)’不代表一特定的數。就如同符號串‘y + sss0’一樣，爲此，變元‘y’將需要用一特定數來加以取代（代入）。

何（未量化了的）變元。因此，G 的意義是確定的。

公式 G 發生在 PM 裡面，也因此它必定有一哥德爾數，g。g 的數值是什麼？稍加審思顯示出 g = sub(n, 17, n) ㉜：sub(n, 17, n) 是當我們用 n（或說得更確切一點，它的數字）來取代（代入）公式裡面哥德爾數爲 17 的變元（即，取代 'y'）所得無論什麼的公式結果的哥德爾數。而那用來被代換的公式的哥德爾數就是那用來代換的同一個 n 本身。然而，公式 G 恰恰好就是以此方法而得出！也就是我們從具有哥德爾數 n 的公式開始，接著我們用 n 的數字來取代公式裡面所有的 'y' 的拷貝，也因此 sub(n, 17, n) 是爲公式 G 的哥德爾數。

現在我們必須回想說，公式 G 是爲：'哥德爾數爲 g 的公式是不可證明的'，此一後設數學陳述語句在 PM *內部*的鏡像。據此而來的是；在 PM 內部，G 反映（表徵）了後設數學陳述語句'公式 G 是不可證明的'。一言以蔽之，PM 公式 G 可以被理解爲；斷言它自己本身，說它自己不是 PM 的一個定理。

(ii) 我們來到第二個步驟 —— 證明 G 事實上不是 PM 的

㉜ 注意數本身和它在 PM 內部的形式對應物兩者之間的關鍵重要區別，前者是 sub(n, 17, n)，帶小寫的 's'，而後者是我們簡略爲 Sub(n, 17, n)，帶有大寫的 'S' 的符號串。或者說成；'sub(n, 17, n)' 指稱一實際*量*，儘管，比如說，那形式算術表式 '2×5' 指稱一個*數量*（即，拾），而 'Sub(n, 17, n)' 則指稱 PM 內部一數之命名的*符號*串，很像數之命名的符號串 'ss0×sssss0'。

一個定理。哥德爾的論證顯露其與理查悖論發展的相似性，但完全清晰而無它的謬誤推理之憂[33]。它的論證在相當程度上是比較順暢的。它繼而證明；*假如*公式 G 可以證明則其形式否定（即，公式‘(∃x)Dem(x, Sub(n, 17, n))’，其解釋爲‘在 PM 內部存在一 G 的證明’將同時能夠被證明；同時，反過來，*假如* G 的形式否定是爲可證明，則 G 自己本身亦將同時爲可證明的。於是我們得出：G 可證明若且唯若～G 可證明[34]。但是如同我們早先所留意到的，假如一公

㉝ 弄清楚當下的論證和理查悖論之間的相同與相異或許是有用的，癥結在於 G 並不和它所被聯結上去的*後設數學*陳述語句完全相同，而只是在 PM 裡面*反映*（或鏡映）了後者。在理查悖論裡面，這個數是聯結於一特定*後設數學表式*的數。而在哥德爾的建構裡面，數是聯結於一屬於 PM 的某特定*公式*，而且可以說，這公式僅只是碰巧地反映了一後設數學陳述語句，在理查悖論的發展裡面，問題在於，這個數是否擁有是爲理查性的*後設數學*性質。在哥德爾的建構裡面，問題在於，數 g = sub(n, 17, n) 是否擁有某一特定*算術*性質——即，沒有任何的一個 x 的數，使得‘dem(x, g)’這個斷言成立的此一性質。因此，在哥德爾的建構裡面，PM *內部*的陳述語句以及*關於* PM 的陳述語句兩者之間並不存在著混淆。這不同於如同理查悖論裡面所發生的狀況。

㉞ 這不是哥德爾實際上所證明的，本文中的陳述是改寫自 J.Barkley Rosser 1936 年所建立的較確鑿的成果。而且它被採用是因爲解說的單純。哥德爾實際證明的是：假如 G 爲可以證明的，則～G 亦爲可以證明（因而 PM 是爲不一致）；而，如果～G 爲可以證明，則 PM 是爲 ω—不一致。

ω—不一致是什麼？設‘P’反映（表徵）一算術述語，那麼如果在一形式演算 C 內部，下述兩者公式爲可證明的話，則形構演算 C 是爲 ω—不一致。兩部分的公式，一爲公式‘(∃x)P(x)’（即‘存在某一個具有性質 P 的數’）以及另一爲：諸公式‘～P(0)’，‘～P(0)’，‘～P(ss0)’，等等（即‘0 不具有性質 P’，‘1 不具有性質 P’，‘2 不具有性質 P’，等等）所成的無限集合的每一成員公式。只要稍加深思即可明瞭：假如 C 爲不一致，則它同時是爲 ω—不一致。（因爲*全部*符號串都是在一個不一致的系統裡面的定理。）；然而，反過來的情況並不必然成立：C 可以是沒有不一致的 ω—不一致。換言之，不僅‘(∃x)P(x)’而且連上面引號引述的公式族裡面的每一個都可能爲 C 的定理，而‘～(∃x)P(x)’是爲一非定理，在該情況下 C 將可能爲沒有不一致的 ω—不一致。

如果‘～(∃x)P(x)’是一非定理，而每一公式族的成員‘～P(0)’，‘～P(0)’，等等都是定理，這看起來似乎荒謬。畢竟那公式族*集體*地斷言了沒有任何數具有性質 P，然而‘～(∃x)P(x)’獨自斷言沒有任何數具有性質 P。難道後者不是直接隨著前者而來的結果？而且斷言說*某個*數具有性質 P 的那個‘(∃x)P(x)’怎麼可能是一定理？這不是直接與那公式族相矛盾？假如（像任何人一樣）你將*諸意義*列入考慮，則兩方面的擔心似乎理由正當。可是 C 僅只是一形構演算——僅只與推理規則而不是諸意義密切相關。假如某一規則竟然能夠一舉將整個公式族納入考量，則這種擔心會是理由正當的——可是儘管一規則能夠涉及任何有*限個*數的公式，但沒有任何一規則可以涵蓋一*無限*個數的公式，（回想第 III 章裡面希爾柏的在*有限*式程序步驟上的堅持。）也因此這一類的狀況，雖然它古怪，但能夠成立。

式以及它的形式否定兩者都能夠在某一形式演算裡面被推導出來，則這形式演算爲不一致，反過來說，於是，我們推理說；假如 PM 是爲一個一致性形式演算，則既非公式 G，亦非它的否定式能被證明。簡言之，假如 PM 爲一致，則 G 是爲必然地形式上地不可決定。[35]

㉟ 我們要來概述哥德爾論證的前半部份，即；假如 G 爲可以證明，則～G 爲可證明。假如 G 爲可證明，這將意指，*存在著一 PM 的公式系列，該系列構成了 G 的一個證明*。我們接著著手將這後設數學陳述語句譯成數字陳述語句。設 G 這假設的證明的哥德爾數爲 k。既然關係 dem(x, z) 是”如此這般是某某事的一個證明”的數論上的對應物，則當 x 的值爲 k，而且 z 的值爲 G 的哥德爾數時，dem(x, z) 必定爲眞。換言之，dem(k, sub(n, 17, n)) 必定爲一算術事實。但是已知 dem(x, z) 是一原始遞歸關係（我們同意毫不懷疑地相信它）則它在 PM 內部的形構對應物行爲表現正當，就是說‘Dem(sss...sss0, Sub(sss...sss0, sss...sss0, sss...sss0))’必定爲 PM 的一個定理，這裡‘s’的拷貝數分別爲；k，n，17，以及 n，更簡潔一點地說，‘Dem(k, sub(n, 17, n))’必定爲一定理。但是，藉助於PM的推理規則，〔該規則說：從一具有形式P‘(k)’（‘數 k 具有性質 P’）的定理，我們能夠推導定理‘(∃x)P(x)’（‘某數具有性質 P’）〕我們能立刻推導公式‘(∃x)Dem(x, Sub(n, 17, n)’。但這是 G 的形式否定。我們因此證明了，假如公式 G 是可證明的，則它的形式否定同時也可證明。隨此而來的是，假如 PM 是一致的，則 G 不能夠在它裡面被證明。

要證明假如～G 爲不可證明，則 PM 是爲 ω—不一致，需要有點類似但更爲複雜的論證。我們將不試圖加以概述。

(iii) 乍看之下，此一結論或許並不顯得極端重要。或許有人要問，在 PM 內部能建構出一不可決定的公式，何以如此引人注目？一件正驚奇的正準備要來明示此一成果的深遠的蘊含。因爲儘管假如 PM 是一致的，則公式 G 爲不可決定，我們仍然無法經由*後設數學*推理證明 G 爲*眞*。（無疑地，G 或者它的否定～G 兩者之一必定爲眞，既然它們對那數的世界做出兩相反的聲言；則這些聲稱斷言裡面之一必須爲眞，同時另一必須爲假。問題在於那一個是對的，又那一個是錯的。）

我們可以快速明確地看出 G 所說的是眞確的。的確，就如我們早先所觀察到的，G 說：‘不存在 G 的 PM 證明’（至少這是對於 G 的後設數學的解釋；當以數論的層次來解讀它時，G 僅只不過說了不存在任何一個數 x 使其和數 sub(n, 17, n) 具有某一特定關係── 即‘dem’關係── 只要思慮之前的解釋就足夠說服我們自己 G 是眞確的。）但是我們剛剛才證明說在 PM 內部 G 是不可決定的，同樣特別地，在 PM 內部 *G 沒有任何的證明*。可是，回想一下，那正是 G 所斷言的！因此 G 斷言了事實。讀者應當小心留意到：我們已經證明建立了一數論的事實（眞理），不是從一形構系統的公設和規則中，形構地演繹出來，而是經由一種後設數學的論證。

(iv) 現在我們提醒讀者在語句演算的討論中所引介的“完備”的概念。其中解釋說，一演繹系統被稱之爲“完備”，假如能夠在這系統裡面被表述的每一眞實陳述語句都能藉由推論規則從公設中形式地演繹出來的話。（這系統就稱之為“完備”）假如情況不是如此——也就是說，如果在這系統中能夠表述的每一眞實陳述語句並非全部可演繹推導出來的話——則這系統將被稱之為“不完備”，但是，既然我們剛剛已經證明G是在PM內部不能形構地演繹的一眞確的公式。隨之而來的是，PM是一不完備系統——當然，在假設其為一致的前提上[36]。

此外，PM還有比人們起先可能想到的更大的麻煩。因為它結果不僅只不完備，甚至是為*本質上*不完備：即使G被加上擴增了系統作為進一步的公設，仍然將不足以形構地得出*所有的*算術事實（眞理）。因為，假使始初的公設以這方式來擴增，則另外一個眞確但是不可決定公式可能在擴大了的系統裡面被建構出來。這公式會牽涉到一略微比較複雜的數論關係——例如，dem'(x, z)——因為當新系統有了一額外的公設，其在新系統裡面”可證明性”的概念將會略微比它在PM裡面來的複雜些。屬於新系統的不可決定公式，只是模仿哥德爾在PM本身裡面具體詳述一眞確但不可決定

㊱ 我們有可能不經由步驟(iii)的推理來達到這個結論——也就是無需知道G和～G那一個表述了一事實（眞理）——因為既然我們業已加以結論說G是為不可決定，意指在PM內部既非G亦非～G是可證明的。已知這些公式的兩者之一*必然*表述一事實（眞理），同時已知它們兩者沒有一個是可以在PM內部證明的。這本身意指了PM是為不完備的，即使我們不確知G和～G其中那一個是罪犯，或許知道兩者之中那一個有問題會比較令人感覺安慰，然而，它卻不是論證的必要部分形貌。

的公式的訣竅所建構出來的。如此產生不可決定公式的方法，無論始初系統被擴大多少次，它都可以被實行。它亦不以任何關鍵決定性的方式依賴於羅素和懷海德的形式演算 PM 的特質，無論什麼系統被作爲一起始點，這技巧都奏效。只要該系統是完全地形構化，同時，只要它包含了那闡明了包括加和乘在內的整數的基礎性質的公設在內。（包含了那公設組，該公設組闡述了整體的基礎性質，這些性質包含了加和乘的運算——譯者）

我們因而被迫認知那有關形式公設法推理的能力，一種重大根本的限制。與所有先前的信念相反的是，廣闊的算術事實眞理的世界無法經由一勞永逸一次制定一套公設組和推論規則，從其中*每*一眞確算術陳述語句，都能被形構地推導出來的此一方式，被帶進系統秩序之中。對於任何傾向於相信；數學的本質是純然形式公設化推理的過程的人而言，這必定成爲一駭人的揭露。

(v) 我們終於來到哥德爾驚人聰明心智的交響樂之樂章的結尾。我們業已追溯了他將後設數學陳述語句：‘如果 PM 是一致的，則它是爲不完備’建立在穩固的基礎上的各步驟。然而，我們亦能夠證明，此一條件陳述語句就整體而論，由 PM 內部一*可證明*的公式所反映（表徵）。

這關鍵重要的公式能夠輕易地被建構，就如我們在第 v 章所解釋，後設數學陳述‘PM 是一致的’是等效於‘至少存在一 PM 的公式，該公式無法在 PM 內部加以證明’的此一斷言。經由哥德爾對於後設數學進入數的世界的映射，這對應於數論的斷言‘至少存在一數 y 使得無論任何的 x 都不和 y 具有 dem 的關係’，換句話說，‘某一數 y 具有一性質，其即：沒有任何 x 使得關係 dem(x, y) 成立’。我們馬上能夠將它翻譯轉入 PM 的形式記號：

(A) $$(\exists y) \sim (\exists x)\ \mathrm{Dem}\ (x, y)$$

我們能夠重述 A 的後設數學解釋如下：‘至少存在一公式〔它的哥德爾數為〕，在 PM 內部沒有任何提得出來的公式系列〔它的哥德爾數為〕可構成為它的證明’。

公式 A 因此反映（表徵）了後設數學語句‘如果 PM 為一致，則它是為不完備’的前件子句。另一方面這語句裡面的後件子句——即，‘它 [PM] 是為不完備’——是等效於說，對於任何事實但非可證明公式 X，‘X 不是 PM 的一定理’。幸運地，我們認識了一個如此的公式 X——即；我們的老朋友，那公式 G。我們因此能夠藉由寫出講述‘G 不是 PM 的一個定理’的符號串，將後件子句翻譯進入 PM 的形構語言裡面，而且，除了 G 自己本身之外，無一如此講述，也因此 G 能被用作我們的條件後設數學語句的後件子句。

如果我們將它兜在一起，則我們到達此一結論即；條件命題‘如果 PM 為一致，則它是不完備’在 PM 內部被下列公式所反映（表徵）：

$$(\exists y)\sim(\exists x)\mathrm{Dem}(x, y) \supset \sim(\exists x)\mathrm{Dem}(x, \mathrm{Sub}(n, 17, n))$$

〔譯者附說明：原舊版寫成：

$$(\exists y)(x)\sim\mathrm{Dem}(x,y) \supset (x)\sim\mathrm{Dem}(x,\mathrm{Sub}(n,13,n))$$

爲求簡潔，可以將它符號化爲‘A⊃G’。（此公式能被證明爲在 PM 內部形構上可證明，但我們不打算在這些書頁中進行此一工作。）

現在我們證明公式 A 在 PM 裡面是不可證明的，因爲設想它可證明，則由於公式‘A⊃G’*是*爲可證明，經由運用斷離規則（回顧第 v 章），則公式 G 將爲可證明的。但是，除非 PM 爲不一致，G 是形式上不可決定的 —— 也就是它是不可證明的。因此，假如 PM 是一致的，則公式 A 在 PM 裡面是不可證明的。

這將把我們帶往哪裡？公式 A 是後設數學的斷言‘PM 是一致的’在 PM 內部的一形式表式，因此，假如此一後設數學的斷言，經由某連串推理步驟，能被*非形構式*證明，同時假如該連串步驟能夠被映射到一公式系列上面，構成 PM 裡面的一個證明，則公式 A 本身將會是在 PM 內部爲可以證明的，但是，就如我們剛剛才見到的，假如 PM 是一致的，則這是不可能的。於是，堂皇重大的最終步驟就是呈現在我們面前：我們被迫結論說：*如果* PM 是一致的，則它的一致性不能夠經由任何能夠在 PM 自身內部加以映射的後設數學推理來加以證明！[37]

---

[37] 回顧一下類似的情況有助於讀者對這論點的了解；關於使用圓規和直尺不可能三等分一個角的證明並*不*意指無論任何方法都不能三等分一個角。相反地，如果，例如，除了使用圓規和直尺之外，如果允許人運用標定在直尺上面一固定間距的話，則任意一個角都能被三等分。

哥德爾分析令人印象深刻的成果不應被誤解：它並不排除 PM 的一致性的一種後設數學證明。它所排除的是那能夠被映射入 PM 內部的一種一致性的證明。

事實上，確立諸如 PM 之類形式系統一致性的後設數學論證，在 1936 年業已引人注目地被希爾柏學派的一員格哈德　根岑（Gerhard Gentgen），以及自從當時之後其他人士所設計出來[38]。這些證明是具有很大的邏輯上的重要性，原因在於，在其它一些理由之中，他們提出了新的後設數學結構的新形式。同時也因爲他們從而協助釐清；假如 PM 以及相關系統的一致性要被確立的話，推論規則所成的類（集合）需要如何地被擴增。但是這些證明無法被鏡映於他們所關涉的系統的內部。而且，既然它們不是有限式的，則它們並沒有實現希爾柏原創方案所宣稱的目標。

---

[38] 根岑的證明依賴於：依照它們單純性的程度將所有 PM 內部的證明整編爲一線性次序（留意一下，其對於之前章節所略爲提到的，理查悖論形式描述的相似性。）如此的改編結果是具有一種模式，就是屬於某一特定“超限序數”的序型。（超限序數的理論是由德國數學家喬治康托於十九世紀所創建。）一致性的證明是藉由將一條稱之爲”超限歸納法的原理”引用在此一線性次序（直線序列）而得出。根岑的論證不能被鏡映於 PM 的內部。更且，儘管大多數數學邏輯的專家並不質疑這證明令人信服的切實性，但是鑒於希爾柏對於一致性絕對證明的原創的明確要求的意義上，這證明並不是有限式的。

VIII

結論反思

哥德爾的結論其重要含義儘管尚未被充分徹底地探測理解，卻是影響深遠的。這些結論指出，爲每一演繹系統（以及，特別是爲能在其中表述整個數論的那系統。）尋求一能夠滿足希爾柏倡導的方案中有限式條件的一致性絕對證明。其成功機會的展望、儘管不是邏輯上的不可能，卻是不大可能達成的[39]。它們同時指出；藉由一組封閉的推論規則，從任何一組給定的公設中，存在著其數無盡的，無法被形式地演繹出來的眞實算術語句。其結果是，對於數論的公設法研究並無法充分地描繪數論事實眞理的性質，同時，接下來的是；我們所了解的數學證明過程與一種形式化公設法的方法的開拓並不一致。形式化公設法的常規步驟乃建基於一始初確實與固定了的整組的公設和形變規則，就如哥德爾自己的證論所指出；沒有任何預先在前的限制可以被加之於數學家設計新的證明方法的創意上面。因此，沒有任何終極的解釋能夠加之於眞確有效的數學論證的確切的性質上面。（眞確有效的數學論證的確切性是什麼？沒有任何終極的解釋與描述）。徵諸這些情況，是否一個數學的或邏輯的事實眞理的徹底完全涵攝的定義能被加以設計。以及是否，如同哥德

---

[39] 爲諸如*數學原論*之類的一個形式系統，建構一有限式的一致性的絕對證明，其可能性並未被哥德爾的成就排除在外。哥德爾指出：沒有任何一個能夠鏡映於*數學原論*內部的如此的證明是可能的。他的論證並不去除那不能夠被映射於*數學原論*內部的嚴格有限式證明的可能。在今日，對於不能夠被映射於*數學原論*內部的有限式證明會是什麼樣子，看起來似乎無人對此具有明確的想法。

爾他自己似乎相信的，唯有一種古代柏拉圖式類型的徹底的哲學上的“實在論”能提供一妥適的定義。這些都是仍然在爭辯中的難題。過於困難，本文此處無法進一步加以仔細斟酌[40]。

哥德爾的結論關係到是否能建造一演算機器，能夠在數學理解力智能上比得上人腦的這個問題。當今演算機器具有固定指令組被內建入它們裡面。這些指令相應於固定的形式化公設法過程的推論的規則。那機器因此經由一步接一步的操作方式爲問題提供回答。每一步驟由植入的指令所控制。

---

[40] 柏拉圖的實在論採取的觀點、認爲，數學並不創造或發明它的“對象”，而是有如哥倫布發現美洲一樣地發現它們。現在，假如這是事實，則在某意味上，對象必先於它們的發現，依據柏拉圖的學說，數學研究的對象並不是在時一空次序中被發現。它是無有實物體的永恆形式或原型，存在於一特殊的領域，只有高等智力才能進入的領域。在這觀點上，能被感官知覺的物體的三角形或圓的形狀不是數學眞正的對象。這些形狀只是一種不可分割的“完美”三角形或“完美”圓形的不完美的具體化體現，非被創造的而是自存永存的，是不爲物體質料所完全表象出來的，而且單只能被數學家的探究心靈所掌握。哥德爾似乎採取了一類似的觀點，當他說：“類和概念可以……被設想爲眞實的對象……獨立於我們的定義和建構之外而存在著。在我看來對於如此對象（的存在）的假設，完全如同對於物體（的存在）的假設一樣合理正當，同時有完全一樣多的理由來深信（信仰）它們的存在。”（庫爾特哥德爾，“羅素的數理邏輯，在*勃特里昂羅素的哲學*裡面。”（ed.Paul A. Schilpp,Evanston and Chicago,1944）,137 頁）

但是，如同哥德爾在他的不完備定理裡面所指出的，在初等數論裡面有數不清的問題處於一固定了的公設法的領域之外的，爲這些演算機器所沒能回答的。不論它們被內建的機件機制是如何地複雜精細又獨特巧妙，又不論它們的操作運算是如何地迅速。給定一確定不變的問題，這類型的機器可能被建造出來用以解決該問題；但是沒任何一種此類的機器能夠被建造出來解決所有每一個問題。確定的是，人腦或許有它自身內建的侷限，而且，或許有他所不能夠解答的數學問題存在。但是，即使如此，腦子似乎具體表現一種操作規則的結構，它遠比時下所想的人造機器的結構更強而有效力。目前，用機器人來取代人類心靈是沒有立即的可能性的。

哥德爾的證明不應該被解釋爲一種對於絕望的慫恿或者作爲神秘的製造與販售的藉口。發現有無法被形式證明的數論上的事實（眞理）存在並不就意指有永遠不能夠成爲被知道事實（眞理）之存在。或者說，一種“神秘的”直覺（在種類與根源上和智力進展中普遍地所使用的有根本上徹底的不同）必須取代嚴謹邏輯的證明。它並不如近來一作家所宣稱的：有“對於人類理性不可避免的極限”之存在。它的確意指人類智力的資源未曾也不能被徹底地形式化。同時新的證明的原理永遠等候發明與發現。然而我們已經知道；那不能由形式演繹中從一給定的公設組中加以證實的數學命題仍然或可經由“非形式的”後設數學的推理加以確立。說經由後設數學論證所確立的這些形式上不可證明的事實（眞理）頂多僅只是立基於訴諸直覺的這種斷言是不負責任的。

同時，說計算機器固有的侷限蘊含了我們不能希望用物理和化學的語詞來解釋活物和人類理性的這種斷言，同樣也是不負責任的。此種解釋的可能性既不被哥德爾的不完備原理所排除亦不爲其確認，該定理的確明指；人腦的結構和能力，其複雜與微妙是遠超任何目前爲止設想得到的任何無生命機器。哥德爾自身的作品成果就是如此複雜性與微妙性的一個非凡卓越的實例。這是另一個契機，不是爲洩氣，而是爲重啓對於創造性理性能力的鑑賞的一個契機。

附錄

附錄

1. （序第 2 頁）直到 1899 年，基數的算術才被義大利數學家皮亞諾 Giuseppe Peano 加以公設化。他的公設有五條，藉助於三個未定義而假設爲認識在先的語詞來加以公式化制定。該語詞爲：‘*數*’，‘*零*’以及‘*爲……之緊鄰後繼元素*’。皮亞諾的公設可被陳述如下：

   1. 零是一個數。
   2. 一個數的緊鄰後繼元素是一個數。
   3. 零不是一個數的緊鄰後繼元素。
   4. 沒有任何兩個數有相同的後繼元素。
   5. 如有任何性質屬於零（所具有），同時屬於具有該性質的每一數的緊鄰後繼者，則該性質屬於所有數。

   最後一條公式化說明制定了常被稱之爲的”數學歸納法原理”。

2. （第 33 頁）被不明言地，不言而喻地甚至運用到初等數學的證明中的那些邏輯原理和推論規則，讀者或許關注一種比本文所提供的更完整的說明。我們將首先分析歐幾里得的證明中，從 3、4 和 5 列中得出第 6 列的論據。

   我們指稱字‘p’，‘q’和‘r’爲語句變元，因爲它們可以被語句所取代（代入）。同時，爲了節省空間，我們將‘如果 p 則 q’這條件陳述句寫成爲‘$p \supset q$’同時我們將馬蹄形符號‘⊃’左側表式稱之爲“前件”，而其右側的表式爲“後件”。類似地，我們寫‘$p \vee q$’作爲交代式‘非 p 即 q’的簡寫。

   初等邏輯裡面有一條定理，寫成：

$$(p \supset r) \supset [(q \supset r) \supset ((p \vee q) \supset r)]$$

我們可以演示證明其公式化制定了一*必然的眞理*，讀者將看出這公式比下列長得多的表述句，陳述上簡潔得多了。

如果（如果 p 則 r），則〔如果（如果 q 則 r）則（如果（非 p 則 q）則 r）〕

就如本文裡面曾指出的；邏輯裡面有一條推論規則稱之爲語句變元代換規則。依據這規則，一語句 S_2 是爲邏輯地從一包含有語句變元的語句 S_1 產生出來。假如前者是經由將任何語句一致地代入變元之中所獲得的話。

假如我們將這規則應用於剛剛提到的定理上面，將‘y 爲質數’代入‘p’，‘y爲合成數’代入‘q’，以及‘x 不是最大質數’代入‘r’，我們得出下式：

（y 爲質數 ⊃x 不是最大質數）⊃〔（y 爲合成數 ⊃ x 不是最大質數）⊃(（y 爲質數 ∨y 爲合成數）⊃ x 不是最大質數）〕

讀者將易於留意到，第一對圓形括號內部的條件句（它出現在定理的舉例的第一列上面）純粹爲歐幾里得的證明的第三列的複製副本。類似地，在方形括號（它出現於定理舉例的第二列上面）內部的第一對圓形括號的內部的條件語句，複製了該證明的第 4 列。同時在方形括號內部的交迭（交代、互斥、備擇）語句則複製了定理的第 5 列。

現在，我們運用另一條推論規則，即知名的斷離規則（或“Modus Ponens”，正向思維律）。這條規則容許我們從兩其他語句，一爲 S_1，另一爲 $S_1 \supset S_2$ 推論出語句 S_2。我們應用這規則三次：首先使用歐幾里得的證明的第三列以及上面邏輯定理的實例；其次，由此運用過程所得的結果以及證明的第 4 列。還有，最後，此一運用過程的最後結果以及證明的第 5 列。結果是證明的第 6 列。

從第 3、4 和 5 列到第 6 列的推衍，因而涉及對於兩推論規則和一邏輯定理默默不言而喻的使用。這些規則和定理屬於邏輯理論的初級部份，即所謂的語句演算的部份。這個部份處理的是陳述語句之間的邏輯關係，這些陳述語句是藉由諸如‘⊃’和‘∨’等等語句連符之助加以複合的。另外一種此類的連接符是連接詞‘與’，點‘·’是用來作爲它簡寫形式：於是連接語句‘p 與 q’被寫成‘p · q’。符號‘～’代表否定的字首詞‘非’：於是‘非 p’被寫爲‘～p’。

讓我們來審視，在歐幾里得的證明裡面從第 6 列到第 7 列的轉變。這個步驟無法僅僅藉由語句演算加以分析。而是必須用到一條推論規則，該推論規則屬於邏輯理論較爲高等的部份 —— 亦即留意到陳述語句內在複雜性而包含了諸如‘所有’、‘每一’、‘有些’以及其他同義詞的那些邏輯原理。這些傳統上被稱爲*量詞*。同時，討論其角色作用的邏輯理論分科是爲量化理論。

就一些使用於那較爲高等的邏輯部門裡面的一些記號加以解釋，以作爲問題中對於轉變的分析的預備工作是必要的。除了可被語句代換的語句變元之外，我們還必須考量諸如‘x’，‘y’，‘z’，等等。可被個別的名字所取代的”個體變元（個體變數，個體變量）”的類型。使用這些變元，普遍陳述語句”所有大於 2 的質數都是奇數”。可表述爲：‘對於每一 x，如果 x 是一大於 2 的質數，則 x 是奇數’。表式‘對於每一 x’是被稱爲*全稱量詞*，同時，在當前邏輯記號使用中是被縮寫爲符號‘(x)’。全稱陳述語句因而可以被寫成爲：

(x)(x 是一大於 2 的質數 ⊃ x 是奇數)

進而，“特稱”（或“存在”）語句‘有些整數是合成的’可以被改成爲‘至少存在一 x，使得 x 是一整數與 x 是合成的’。表式‘至少存在一 x’是被稱為*存在量詞*，現今被簡寫為記號‘(∃x)’（譯注：∃ 發ㄙㄨㄚ音）。剛剛提到的存在語句能被改寫為：

(∃x)(x 為一整數 · x 是合成的)

現在，觀察到很多陳述語句不明言地使用多於一個的量詞，以至於在展示它們的結構時必須出現好幾個量詞。在例釋說明這一點之前，讓我們採用某些一定的縮寫形式用於經常被稱為述語表式，或更單純一點；述語。我們將使用‘Pr(x)’作為‘x 是一質數’的簡略；同時‘G(x, z)’作為‘x 是大於 z’的簡略。考慮語句：

‘x 是最大質數’。下述語言表達方式可以使這語句意義更為詳盡明確：‘x 是一質數且，對每一異於 x 的質數 z，x 大於 z’。藉助於我們的各種縮略形式，語句‘x 是最大質數’能夠被寫成：

$$Pr(x) \cdot (z)[(Pr(z) \cdot \sim (x = z)) \supset Gr(x,z)]$$

它字面上說的是：‘x 是一質數且，對每一 z，如果 z 為質數且 z 不等於 x 則 x 大於 z’，從記號系列之中，我們認識到歐幾里得的證明的第一列的內容，一形式化的費心完全明確清楚的”譯文”展示。

其次，細想如何將出現在證明的第 6 列的陳述語句‘x 不是最大質數’，以我們的記號法加以表述。這可以被展示為如下列：

$$Pr(x) \cdot (\exists z)[Pr(z) \cdot Gr(z, x)]$$

字面上，它說的是：‘x 是一質數且存在至少一 z 使得 z 是一質數且 z 大於 x’。

最後，第 7 列，那斷言不存在任何一最大質數的歐幾里得的證明的結論，被符號化地改錄成：

$$(x)[Pr(x)\supset(\exists z)(Pr(z) \cdot Gr(z, x))]$$

其所說的是：‘對每一 x，如果 x 是一質數，則存在著至少一 z 使得 z 是一質數且 z 大於 x’。讀者將注意到，歐幾里得的證明隱含地涉及到不只一個的量詞的使用。

我們準備好要來討論從歐幾里得的第 6 列到第 7 列的步驟。邏輯裡面有一定理，讀成：

$$(p \cdot q)\supset(p \cdot q)$$

或者被翻成，‘如果 p 且 q，則（如果 p 則 q）’。運用代換規則，用‘Pr(x)’代換‘p’同時‘(∃z)[Pr(z) · Gr(z, x)]’代換‘q’，我們得出：

$$(Pr(x) \cdot (\exists z)[Pr(z) \cdot Gr(z, x)])\supset$$
$$(Pr(x)\supset(\exists z)[Pr(z) \cdot Gr(z, x)])$$

此一定理實例的前件（第一列）純為歐幾里德證明第 6 列的複製，假如我們運用斷離規則，我們得出：

$$(Pr(x)\supset(\exists z)[P(z) \cdot Gr(z, x)])$$

依據邏輯的量化理論裡面一推論規則，一具有‘(x)(…x…)’形式的語句 S_2，總是能夠從一具有‘(…x…)’形式的語句 S_1，被推衍出來。換句話說，具有量詞‘(x)’作為前標的語句能夠從那不含有這前標，但在其他方面與前者相像的語句中被推導出來，將這規則用之於所列最後的語句，我們得出歐幾里得的證明的第 7 列。

我們這裡所敘述內容的寓意在於：歐幾里得的定理默默心照不宣地涉及到不僅那屬於語句演算的定理以及其推論規則，而且涉及量化理論裡面的一推論規則的使用。

3.（50 頁）細心的讀者在這一論點可能產生異議，對於諸如下述問題感到納悶。之爲套套邏輯（恆眞式）其性質已經在眞與假的概念中被加以定義。然而這些概念明顯地涉及到對於某些*外於*形式演算的事物的查詢參考。因此，文中所提的程序，實質上藉由爲這系統提供一模型的方式，同時提供了一種演算*法的解釋*。就是如此，作者沒有做到他們所承諾的即；就純粹公式自己本身結構上的特徵來定義公式的性質。似乎在文中第II章節所提到的困難——說那立基於模型的一致性的證明，以及那從公設的眞實性論證它們自身的一致性的如此的證明，僅只不過將難題推卸與轉嫁——終究尚未成功地被戰勝。既然如此，爲什麼稱呼那證明爲“絕對的”而不是“相對的”？

如此的異議就其針對文中的闡述而言是完全被接受的。可是我們採取此一形式在於免得爲難到那些不習慣於高度抽象描繪而依賴於直覺含糊證明的讀者。由於較爲大膽進取的讀者可能希望接觸眞實的事物，見識到一種不受質疑批評，未經粉飾的定義，因此我們將加以提供。

回想演算法的公式，要嘛就是那用來作爲語句變元（我們將稱呼如此的公式爲“初基的”）裡面的字母的其中一個，要嘛就是由這些字母以及那用之爲語句連詞的符號以及括號符號所成的複合物。我們約定將每一初基公式置放於兩彼此互斥而且窮盡涵蓋的類和類的其中之一。那些不是初基的公式則依據下述的約定常規被放置於這些類之中：

(i) 具有形式 $S_1 \vee S_2$ 的公式要被置於 K_2 類裡面，如果 S_1 和 S_2 *兩者*都在 K_2 裡面；否則它要被置於 K_1 裡面。

(ii) 具有形式 $S_1 \supset S_2$ 的公式要被置於 K_2 裡面，如果 S_1 在 K_1 裡

面，同時 S_2 在 K_2 裡面；否則它要被置於 K_1 裡面。

(iii) 具有形式 $S_1 \cdot S_2$ 的公式要被置於 K_1 裡面，如果 S_1 和 S_2 *兩者*都在 K_1 裡面；否則它要被置於 K_2 裡面。

(iv) 具有形式 $\sim S$ 的公式要被置於 K_2 裡面，如果 S 在 K_1 裡面；否則，它被置於 K_1 裡面。

接著，我們定義恆眞的（套套邏輯式的）之性質：一公式爲一恆眞式（套套邏輯式）若且唯若它落於 K_1 類裡面，無論其初基構成成分被置於兩類中的那一類裡面。非常清楚明白的是，作爲一恆眞式（套套邏輯）如今已經被加以描述而沒有將任何模型或解釋用之於系統上面。我們能夠單純地經由上述的約定常規來檢驗其結構而發覺一公式是否爲一恆眞式（套套邏輯）。

如此的查驗顯示出四個公設每一個都是恆眞式（套套邏輯）。一方便的步驟就是建構一個表，羅列所有可能方式，使每一給定公式的初基構成元素能夠被置放於這兩個類裡面。從這表列，我們能夠爲每一可能性來決定那給定公式的非初基構成成分公式的歸屬那一個類以及整個公式屬於那一個類。拿第一個公式來看。爲它所作的表由三個欄構成，每一欄都由公設的初基或非初基構成成分公式以及公設本身作爲開頭。在每一開頭的下面就每一初基構成分子對於這兩個類的可能分派，標示了特定項目所屬的類。表如下列：

p	$(p \vee p)$	$(p \vee p) \supset p$
K_1	K_1	K_1
K_2	K_2	K_1

第一欄提到，公設的唯一初基構成分子，其可能的分類方式。第二欄將標示了的非初基的構成成員，基於約定俗成的常規 (i) 分派

給一個類。最後一欄基於約定俗成常規 (ii) 將公設本身分派給一個類，最後一欄指出；無論其唯一初基構成分子被置於那個類裡面，第一條公設落於 K_1 類。因此這公設是一恆眞式（套套邏輯）。

關於第二條公設，作表如下：

p	q	(p∨q)	p⊃(p∨q)
K_1	K_1	K_1	K_1
K_1	K_2	K_1	K_1
K_2	K_1	K_1	K_1
K_2	K_2	K_2	K_1

頭兩欄列出公設兩初基構成分子四種可能的分類方式。第三欄基於約定常規 (i) 將非初基組成成員分派給一個類。最後一欄，基於約定常規 (ii) 爲這公設作此類的指派。最後一欄再次指出就初基構成分子能夠被加以分類四種可能方法裡面的每一種，第二條公設全部落於類裡面。因此，這公設是爲一恆眞式（套套邏輯）。類似的方法，能夠證實留下來的兩公設都是恆眞式（套套邏輯）。

我們同時要給出，在斷離規則之下恆眞性質（套套邏輯性）的遺傳性的證明。（在代換規則下其遺傳性的證明將留給讀者自理。）假設任何兩公式 S_1 和 $S_1 \supset S_2$ 兩者都是恆眞的（套套邏輯的）：我們必須證明，在此情況下 S_2 是一恆眞式（套套邏輯式）。現在假設 S_2 不是一恆眞式。那麼它的初基構成成員的分類裡面至少有一個分類之下 S2 將落於 K_2 裡面。但是由假設，S_1 爲一恆眞式（套套邏輯），因此，就它的初基構成成員的所有歸類而言，它都將落於 K_1 裏面 —— 同時，特別是對那被要求的將 S_2 置於 K_2 裏面的歸類而言。因此，對這後者的歸類，由於第二條約定常規，$S_1 \supset S_2$ 必須落在 K_2 裏面。然而這與 $S_1 \supset S_2$ 爲一恆眞式（套套邏輯）

的假設相矛盾。因此，其結果是在此種矛盾的禁絕下，S_2 必定爲一恆眞式（套套邏輯）。作爲一種恆眞式（套套邏輯）的性質因而在斷離規則之下由前提被傳遞到依這規則所能推導出來的結論。

對於本文裡面所給定的恆眞式（套套邏輯）的定義的一個最後的評述是，用之於眼前描述的 K_1 和 K_2 兩個類可以分別地被視之爲眞和假陳述語句的屬類。但是，如同我們剛剛所見到的，我們的描述說明絕不依賴於如此的一種解釋，即便當這兩個類被以這種方式來了解時，說明起來更爲易於理解。

家圖書館出版品預行編目資料

哥德爾證明／歐尼斯特．納格爾，詹姆斯．紐曼著；蔡元正譯．——初版．——臺北市：五南圖書出版股份有限公司，2023.01
面； 公分
譯自:Gödel's proof
ISBN 978-626-343-585-8（平裝）. --
ISBN 978-626-343-651-0（精裝）

1.CST: 哥德爾(Gödel, Kurt, 1906-1978)
2.CST: 符號邏輯

310.1 111019822

4B17

哥德爾證明

作　　者— 歐尼斯特．納格爾、詹姆斯．紐曼
譯　　者— 蔡元正
發 行 人— 楊榮川
總 經 理— 楊士清
總 編 輯— 楊秀麗
副總編輯— 王正華
責任編輯— 張維文
封面設計— 徐小碧
出 版 者— 五南圖書出版股份有限公司
地　　址：106台北市大安區和平東路二段339號4樓
電　　話：(02)2705-5066　傳　　真：(02)2706-6100
網　　址：https://www.wunan.com.tw
電子郵件：wunan@wunan.com.tw
劃撥帳號：01068953
戶　　名：五南圖書出版股份有限公司

法律顧問　林勝安律師事務所　林勝安律師

出版日期　2023年1月初版一刷
定　　價　新臺幣350元